火箭青年　强国先锋

——在航天强国建设新征程上的青春力量

中国运载火箭技术研究院　编
王国辉　主编

中国宇航出版社
·北京·

图书在版编目（CIP）数据

火箭青年　强国先锋 : 在航天强国建设新征程上的青春力量 / 中国运载火箭技术研究院编 ; 王国辉主编. 北京 : 中国宇航出版社, 2025. 3. -- ISBN 978-7-5159-2518-9

Ⅰ. V4-49

中国国家版本馆CIP数据核字第20254RQ604号

责任编辑　马　喆　　　　**封面设计**　廖果同

出版发行　中国宇航出版社

社　址　北京市阜成路8号　邮　编　100830

(010)68768548

网　址　www.caphbook.com

经　销　新华书店

发行部　(010)68767386　(010)68371900

(010)68767382　(010)88100613（传真）

零售店　读者服务部

(010)68371105

承　印　北京中科印刷有限公司

版　次　2025年3月第1版

2025年3月第1次印刷

规　格　710×1000

开　本　1/16

印　张　22.25

字　数　315千字

书　号　ISBN 978-7-5159-2518-9

定　价　68.00元

编　委　会

序　言

习近平总书记强调："青年之于党和国家而言，最值得爱护、最值得期待""党和国家的希望寄托在青年身上"。新时代的火箭青年是无比幸运的，大家的整个职业成长期和奋斗期都与强国建设、民族复兴这一伟大历史进程高度重合，正是施展才华的最好时机。作为一个从事航天工作60多年的老兵，看到大家无所畏惧向着航天强国目标冲锋，我很欣慰，也很羡慕，航天强国的梦想将在你们手中实现。

看到了年轻的你们，我也想到我年轻的时候。我们这一代人成长于国家危难之际，深刻感受到没有一个强大的国家，没有一个强大的国防，人民就无法过上幸福生活。我们的想法也很简单，就是要强军、强国防，努力保家卫国，不能让中国人受欺负。1963年，我来到航天工作，有幸在钱学森老院长的带领下，一步一步成长起来，这么一干就是60多年。我们的事业就是一批带着一批干，既传承知识，也传承精神，让航天事业薪火相传、基业长青。

回首中国航天60多年的风雨历程，我们从零开始，到如今令世界瞩目，每一步都饱含艰辛。这个过程中，我们目标不动摇、困难挡不住、失败压不跨，实现了从跟跑到并跑以致局部领跑的跨越发展，其中最根本的法宝就是航天精神。无论时代如何变化，航天精神中爱国主义的核心内容没有改变，这份爱国之情、报国之志也是我们的初心，是每一个航天人最诚挚、最高尚的一份爱，是刻在骨子里的一份爱。

党的二十大擘画了全面建设社会主义现代化国家的宏伟蓝图，开启了以中国式现代化全面推进中华民族伟大复兴的崭新征程。特别作出了加快建设航天强国的战略部署，这意味着我们不仅要向前跑，还要加速跑。从现在到本世纪中叶还有不到30年的时间，实现航天强国伟业的艰巨使命和历史重任落在了青年的肩上。一代人有一代人的长征，一代人有一代人的担当。建设航天强国，是一场接力跑。新时代火箭青年接过了上一代的接力棒，成为了承前启后、继往开来的一代。尤其读了大家奋斗的故事，我更加深切感受到新时代火箭青年的昂扬斗志和拼搏精神，你们赓续红色基因、弘扬航天精神，拥有深厚的家国情怀、远大的航天理想、过硬的能力本领，展现出手握接力棒全力奔跑的样子，那是青春最朝气蓬勃的样子。新时代的火箭青年跑得更快、更好、更自信、更精彩。

开启新征程，我们比历史上任何时期都更接近实现航天强国的目标，比历史上任何时期都更有信心、能力实现这个目标。但距离我们成功实现梦想越近，我们越不能懈怠，越要加倍努力。请大家相信，山再高，往上攀，总能登顶；路再长，走下去，定能到达。只要具备百折不挠、勇往直前、顽强拼搏的精神，保持科学求是、严慎细实的工作态度，就一定能够在新征程上创造属于你们这一代的让世界刮目相看的新奇迹。

时代总是把历史责任赋予青年，接续实现航天强国的光辉伟业，终究离不开一代代青年的责任与担当。今天的火箭青年是怎样，未来的中国航天就会是怎样。展望未来，我们还要研制新一代载人火箭、重型火箭、重复使用火箭，托举中国航天继续探索浩渺星空，还要积极推动商业航天，助力航天事业高质量发展，火箭青年必将大有可为，也必将大有作为。衷心希望广大火箭青年勿忘昨天的苦难辉煌，无愧今天的使命担当，不负明天的伟大梦想，坚定理想信念、勇担时代重任、发扬吃苦精神、保持奋斗激情，为强国建设、民族复兴挺膺担当，在全面建设社会主义现代化国家的火热实践中书写无愧于时代、无愧于青春的壮美篇章！

我愿意和青年们成为朋友，和大家一起向着航天强国的目标冲锋，让我们只问前路，无问西东，不达顶峰，誓不罢休。我们航天强国顶峰见。

龙乐豪

2025 年 3 月

前　言

习近平总书记指出，探索浩瀚宇宙，建设航天强国，是我们不懈追求的航天梦。60多年来，在党中央的坚强领导下，经过几代航天人的接续奋斗，我国航天事业创造了举世瞩目的辉煌成就，一次次刷新了中国人进军太空的新高度、新速度、新精度，铸牢了国家战略安全基石，提振了民族的自信心和自豪感。

青年兴则国家兴，青年强则国家强。航天事业的发展凝结着一代代火箭青年的汗水。从无到有、从弱到强、从“蓝图绘梦”到“奋斗圆梦”，一代代火箭青年坚定信念、紧跟党走，危难之中显精神，关键时刻见真章，自觉扛起责任，无私奉献，无畏向前，用奋斗和汗水谱写了航天强国建设进程中激昂的青春乐章。

习近平总书记寄语广大青年，要继承和发扬五四精神，坚定不移听党话、跟党走，争做有理想、敢担当、能吃苦、肯奋斗的新时代好青年。深情嘱托、诚挚盼望，为青年在奋斗的道路上点亮航标、指引航程。新时代火箭青年牢记总书记的谆谆教诲，自觉将青春奋斗融入党和人民的航天事业之中，不惧风雨、勇挑重担，用青春的激情奏响了“清澈的爱、只为中国”的时代强音，用青春的行动践行了“请党放心、强国有我”的铮铮誓言。现如今，浩渺星空、天宫驰骋，大洋深处、巨浪奔涌，荒漠戈壁、东风浩荡，万里苍穹、鹰击长空，火箭青年是见证者，更是参与者、奋进者。我们编写《火箭青年 强国先锋》一书，把新时代火箭青年奋斗故事分为四章，记录青年一代不忘航天报国初心、扛起航天强国使命、扎根航天工程一线、成就航天事业梦想的感人事迹，展现了青年一代有理想、敢担当、能吃苦、肯奋斗的昂扬风采。他们中有在毕业之初放弃国外高薪工作，心怀崇高理想投身祖国航天事业的青年榜样；有在突破国外技术封锁，攻坚卡脖子核心关键技术过程中勇立潮头、挺膺担当的青年榜样；有在科研攻关中“自找苦吃”，在吃苦中收获，在奉献中成长的青年榜样；有在基层一线锤炼自我，拒绝佛系、躺平，矢志跟党永久奋斗的青年榜样。我们出版此书记录榜样、学习榜样，以期用榜样的故事激励青年，用航天的精神感召青年，激发广大火箭青年爱党、爱国、爱航天的热情，更好地将青年力量凝聚到火箭院的改革发展上来，引领广大火箭青年坚定履行强军首责，敢于战胜一切艰难险阻，勇于攀登航天科技高峰。

青年是标志时代的最灵敏的晴雨表，时代的责任赋予青年，时代的光荣属于青年。无论过去、现在还是未来，火箭青年始终是实现航天强国的先锋力量。我们坚信，新时代的火箭青年在习近平新时代中国特色社会主义思想科学指引下，一定能够担当起党和人民赋予的历史重任，坚定航天报国志向，坚定航天强国信念，以永不懈怠的精神状态，永不停滞的前进姿态，踔厉奋发、砥砺前行，为航天强国建设作出新的更大贡献！

本书编委会

2025 年 3 月

目　录

第一篇　青春理想　逐梦远航

第二篇　青春担当　肩负使命

第三篇 青春磨砺 埋头苦干

第四篇　青春有为　奋斗以成

中国航天
CZ-5活动发射平台

第一篇

青春理想　逐梦远航

篇首语

青年理想远大、信念坚定，是一个国家、一个民族无坚不摧的前进动力。

——习近平

理想指引人生方向，信念决定事业成败。理想因其远大而为理想，信念因其执着而为信念。青年的理想信念关乎国家未来，航天青年的理想昭示航天事业的未来。60 多年来，在党中央坚强领导下，在全国人民大力支持下，一代代航天人不忘初心、接续奋斗，创造了以“两弹一星”、载人航天、月球探测为代表的辉煌成就，走出了一条自力更生、自主创新的发展道路，积淀了深厚博大的航天精神，谱写了我国航天事业发展的壮美篇章。航天事业历经挫折而不断奋起，历经困难而淬火成钢，归根结底在于有远大理想和崇高追求，有执着信念和坚定信仰，这其中也包含一大批有志青年。航天报国、航天强国的初心使命，在一代又一代火箭青年中点亮理想之灯、发出信念之光，引领着火箭青年不畏艰险、勇往直前。

1955 年，钱学森在回国的邮轮上激动地说：“我将竭尽努力，和中国人民一道建设自己的国家，使我的同胞能过上有尊严的幸福生活。”从那一刻起，对党的真挚情感、对国家的赤诚热爱、对崇高理想的不懈追求便在火箭青年心中深深扎根，无论是在发愤图强的创业时期，还是在改革开放发展的壮大阶段，再到全面开启航天强国建设的新征程，始终活跃着一支理想信念坚定，富有爱国激情和献身精神，能攻善战、敢打硬仗的青年队伍，他们隐姓埋名、苦干实干，在风浪考验面前无所畏惧，在各种诱惑面前立场坚定，矢志不渝冲锋在科研生产第一线，把无悔青春奉献给祖国的航天事业，用实际行动扛起了时代赋予的青春责任，成为实现航天强国征程上的先锋力量。

青年一代有理想、有本领、有担当，国家就有前途，民族就有希望。航天事业从无到有、从弱到强的历史进程充分证明，理想信念是我们不断战胜困难、从胜利走向胜利的强大精神支柱。正是因为一代代青年胸怀远大理想，厚植爱国之情，肩扛报国之责，艰苦创业、顽强拼搏，义无反顾投身祖国航天事业，才一次次刷新中国人进军太空的新高度、新速度、新精度，创造了一个又一个中国奇迹。

以理想之光照亮奋斗之路，用信仰之力开创美好未来。无论时代如何变化，不变的是初心，坚定的是信仰。新时代的火箭青年要与党同心、跟党奋斗，树立对马克思主义的信仰、对中国特色社会主义的信念、对中华民族伟大复兴中国梦的信心，始终高扬报国强国的崇高理想，在实践锻造中不断增强做中国人的志气、骨气、底气，拿出时不我待、只争朝夕的使命感、责任感和紧迫感，铸国之重器，固国之根基，向着建设航天强国的宏伟目标奋勇前进。

知行合一，创新思维谱写航天新篇章

顾祥玉，出生于1988年8月，博士研究生毕业后，入职火箭院研究发展中心。主要从事飞行器总体设计、气动设计工作，获集团公司科技进步奖三等奖1项，院科学技术奖一等奖4项。发表SCI/EI索引论文十余篇，授权专利7项，获评人社部“高层次留学人才”、中央企业青年岗位能手、集团公司航天精神青年模范、院青年拔尖人才等。

音乐家使用音符构成美妙的音乐，诗人凭借词句咏出千古绝唱，火箭院研究发展中心顾祥玉则用手指敲出的计算机代码，搭建起通往创新之路的台阶并不断向上攀登。

在火箭院研究发展中心，顾祥玉因善于创新探索而小有名气。取得航空航天系气动专业博士学位后，他放弃留在世界先进制造强国工作的机会，义无反顾回国，将自己和祖国航天事业紧紧地连在一起。

代码的价值在于用到更多案例中

30岁出头的顾祥玉到火箭院研究发展中心工作才一年，就成了“名人”。一切都要从他的“成名之战”说起。

顾祥玉

在一项仿真工作过程中，研发中心投入了大量人力资源，耗费了大量时间，但效率不高，人为误差甚至已成为仿真误差的主要来源。

针对这种情况，顾祥玉琢磨：如果编写软件代码来实现仿真计算自动化，就能大幅减少仿真过程中的人力投入，也可以提高效率和缩短周期。但手头的工作很紧张，写代码不仅要花费大量时间，还不一定能开发成功，要不先缓一缓，别耽误了手头工作的进度？顾祥玉转念一想，如果早一天写出代码，就能早一天提高仿真计算效率，早一天减少误差，这更是刻不容缓的事情。

为了不耽误手头科研工作的进度，顾祥玉下班后就留在办公室里。连续两周熬夜苦战，他终于写出了仿真计算自动化代码。经过运行验证，该代码可靠、易用，能把人工重复操作变为自动操作，有效避免人工处理的失误和前后处理的误差，而且还能让设计师们把更多时间投入更富创造性的工作中去。

顾祥玉写出的仿真计算自动化代码就这样出了名，他也由此成了“名人”。其他部门的设计师听说后纷纷前来“取经”，顾祥玉不仅毫不犹豫地把代码提供给他们，还帮着其他部门开展优化改进和软件调试工作。

有人问：“这么好的代码，怎么不多在手里捂一会儿？”顾祥玉的回答很干脆：“让这段代码在更多的案例中去淬炼，才能发挥出它应有的价值。这一点点小创新能帮助更多人做好工作，是我最希望看到的事。”

创新“火花”第一时间用在工作上

顾祥玉总有很多创新点子，他说：“我对前沿科技感兴趣，对创新的东西很关注，一旦有点‘火花’，第一时间就想着能不能用在工作上。”

虽然此前取得了“小成功”，但顾祥玉没有沾沾自喜，他意犹未尽，创新的意愿也更强了。不久，他又创造性地改进了一项仿真平台，以提升工作效率。

当时，由于项目的时间节点很紧张，如何缩短计算时间成了亟待破除的瓶颈。顾祥玉得知后，对改进该平台产生了兴趣。他想起自己求学期间曾接触过类似的仿真工作，似乎并不需要很长的计算时间。那么，能不能通过改进平台来缩短计算时间呢？顾祥玉带着好奇心，查看了仿真平台的代码，一番仔细检查后，果然找到了可以改进之处。他针对计算时间长的难题，对平台进行改进，大大缩短了仿真工作所需的时间，大幅度提高了分析工作效率。同事们说，这个看似容易的创新过程，其实很考验人，既需要扎实的功底，也需要大胆的突破。

顾祥玉敢于对系统级软件下手查找漏洞，这种主动创新的精神让同事们备受鼓舞，大伙儿都说他身上有种不满足于固有程序和方法、追求效率和创新的精神，而这正是优秀的航天人所应该具备的品质。顾祥玉这种通过拓展思维方式用新方法破解难题的精神，在预先研发和创新中尤其不可或缺。

令人既感到后生可畏，又着实欣慰

从写代码到改平台，顾祥玉擅长采用新技术应对各类问题，他甚至敢于放弃传统的设计方法，另辟蹊径，自行研发平台，一举扫除设计难题。一次，顾祥玉所在的团队在竞争项目时，发现设计方案不能满足项目要求，必须对其加以改进。但改进设计方案的难度极大，如果完全依靠人工，不仅耗费时间精力，也无法保证能找到最佳方案。

陷入困境之时，顾祥玉想起自己以前的研究成果。能不能对以前的研究成果进行改进，再应用到当前的设计平台上呢？他主动请缨，随后全身心地投入设计平台的开发中。“当时时间特别紧张，需要把设计理念、经验、准则等全部融入平台当中。我必须一边向同事们请教更多知识，一边将相关内容输入平台。”顾祥玉回忆道。那段时间，他的大脑像超级计算机一样高速运转。仅用一个月时间，他就把全新的设计平台呈现在了大家眼前。这个设计平台具有设计空间广泛、全局优化的特点，设计过程无须人参与其中，计算机会按照设计要求驱动设计流程，进而完成整个设计工作。相较于传统设计方法，采用这一平台不仅可扩展设计边界，还可使设计工作更加高效，大大缩短了设计周期。尤其令人赞叹的是，这个平台还可适用于多种设计工作。有了这个设计平台的辅助，顾祥玉所在的团队找到了最佳设计方案，并且在最终的竞争中取得了好成绩。大家纷纷说，要给顾祥玉记一功。

在一次专家答辩会议上，有位专家和顾祥玉开玩笑说：“你总是写代码、做平台，是要取代我们吗？”没想到顾祥玉居然老老实实地回答：“是的，不过感觉还有很长很长的路要走。”专家十分赞许地说：“航天战线有这样执着创新的年轻人，让我们既感到后生可畏，又着实欣慰。”顾祥玉不断用新方法破解难题，开拓了新视野、新思路。谈起未来，他说：“我希望自己能为把中国航天真正推向人类创新最前沿而努力。”志向高远，脚踏实地。顾祥玉在平凡的岗位上勤于思考、勇于创新、从不止步、永不懈怠。在航天预研领域中，他坚持“知行合一”，不断激励自己以创新思维作出新的更大的贡献。

为火箭“基因编码”的总体人

张志国，出生于1991年12月，博士研究生毕业后，入职火箭院总体设计部，主要从事运载火箭弹道制导总体设计工作。曾获国家安全生产协会安全科技进步奖二等奖1项、集团公司和院科技成果奖10余项，入选北京市科协青年人才托举工程，发表SCI/EI等学术论文、专利20余篇，参编专著1部。

“不同轨道，相同梦想；弹道有痕，进取无疆。”科学、精准、创新是总体设计部弹道组的班组精神，亦是组长张志国和同事们在工作中一直遵循的原则。一枚火箭在研制之初的总体设计方案，直接决定了火箭的能力和未来发展，张志国所从事的弹轨道设计专业工作，就承担着为火箭总体性能优化、精度指标提升、任务适应增强不断注入新的优良基因的使命，书写的每一行弹道程序就如同在为火箭进行“基因编码”，火箭未来的样子正是由总体人不断注入优良基因铸就而成。张志国一直专注长征系列运载火箭弹轨道设计，先后从事多个型号火箭的弹道制导总体设计工作，主动开发计算平台，推进专业工具能力提升；深入开展关键技术研究与飞行验证，助力核心技术领域拓展；牵头开展智慧火箭研究工作，突破瓶颈，为专业发展和领域拓展作出重要贡献。矢志创新，逐梦前行，张志国用行动展示着航天青年人的风采与担当。

扎根专业　解决入轨难题

刚参加工作时，张志国就加入了长征三号甲系列运载火箭的研制队伍。在一次任务论证过程中，需要火箭从高纬度直接进入零度倾角轨道，这是传统弹道设计难题，研制团队多次尝试都没有得到理想的效果。

“把平时涉猎的新知识、吸纳的新想法，整合提炼，并想办法变为现实，才能不断创造价值。”张志国说。总喜欢“琢磨”各种制导算法的他，在进行其他任务制导算法的调试中发现飞行程序角存在最优“双解”的情况，随即联想到发射零度倾角轨道有类似现象。经过进一步攻关，张志国和同事们提出一种计算方法，在发射任务中完美实现了长征三号甲系列运载火箭高纬度发射的平滑入轨，并且将变轨次数由传统的 4 至 5 次降低到 1 次，有效减少了火箭轨控负担，大幅提高入轨精度。

火箭发射飞行轨迹

在一次次磨炼中，张志国逐步成长为技术骨干，但他并没有止步，针对近年来火箭构型论证任务量大、状态复杂，影响火箭市场化响应效率的难点，他凭借自己对弹道设计知识的理解，带领团队提炼构型论证弹道设计的通用工作流程，研制出快速构型论证和弹道自动优化设计平台，实现了专业工具的升级换代。

这一快速构型论证平台应用后，在多项论证任务中发挥了重要作用，实现了各类轨道多级火箭构型自动调整、垂直回收能力的自动优化设计，大幅简化了设计人员的手动分析工作，极大提高了设计效率。

拓展领域　助力落区可控

2019 年 7 月 26 日，长征二号丙运载火箭在西昌卫星发射中心起飞，火箭一二级分离后一子级在控制系统和栅格舵的作用下，稳定飞行并近乎垂直落向预定目标点，搭载试验获得圆满成功，实现了国内首次火箭子级返回制导控制关键技术突破，大幅缩小落区范围。张志国和同事们前期的辛苦付出收获了喜人成绩。

然而，栅格舵落区控制项目的研制历程并非一帆风顺，在距离正式搭载飞行试验时间不足 6 个月时，最新吹风气动参数显示火箭子级在仿真再入过程中无法稳定控制，前期的设计方案面临“翻车”的风险，而此时还有半实物仿真、导航试验等一系列试验没有开展。

“咬定青山不放松，既然有了方案，就要抱着必胜的决心和信念一直做下去，在探索中试错，在试错中不断突破。”张志国和团队成员反复讨论、不断试验，寻找解决方案，大胆尝试采用了再入预示剖面的分段式制导控制方案。

经过海量测试与调试，火箭子级最终成功稳定穿越狭窄的再入走廊缝隙，保证了搭载飞行方案的合理可行，确保了后续飞行试验如期开展。

着眼未来　让火箭更加智能

“要实现未来火箭的智能化飞行，就需要我们怀着对质量的敬畏之心、对新事物的探索欲和好奇心，坚持走数字化道路。”长征五号遥二运载火箭失利后，如何挽救一型故障火箭的思绪一直萦绕在张志国心头。他想，如果火箭能够像人类一样拥有“思考”的能力，在飞行中能够自我诊断，并自我决策故障后的飞行轨迹，将会大幅提升火箭的飞行可靠性。

张志国和团队成员主动开展智慧火箭专题攻关，研制了“归燕”“扁鹊”两代故障诊断与任务重规划产品，突破了复杂约束条件下火箭在线任务重构技术瓶颈。“归燕”在火箭飞行任务中搭载整流罩成功完成了算法飞行验证，为智能飞行技术完成关键技术积累。“扁鹊”作为故障诊断与任务重构系统，也形成了成熟产品，推广到各型号产品使用，提升了火箭对故障的适应能力和任务可靠性，向着智慧火箭的目标不断前进。

不止于此，借着总体设计部探索研发国产自主可控大型“天”系列工业软件的机会，张志国和团队成员秉持软件核心算法和程序框架100%完全自主可控的目标，研制出自主可控的“天际”弹轨道设计软件，填补了我国大型弹轨道自主软件领域空白。

“天际”弹轨道设计软件在长征七号运载火箭发射天舟货运飞船任务中的应用，解决了准实时风修正模型通用等一系列关键问题，有力保障了空间站建造任务顺利实施，并支撑了包括运载火箭设计等多项重大国家任务和新产品的研制。

步履不停，张志国又投身到新型火箭的研究和技术攻关工作中，多专业松耦合总体协同设计方案、准实时双向风修正设计平台，是他不断突破、不断创新的方向。他也会在创新路上矢志前行，为火箭编制更加优良的基因，为航天强国建设贡献更多更好的青年智慧、青年力量、青年方案。

用小小元器件谱写航天强国青春之歌

加春雷，出生于1988年3月，大学本科毕业后，入职火箭院物资中心，主要从事元器件质量保证工作。获国防科技工业企业管理创新奖二等奖1项，集团公司管理创新成果二等奖1项，授权发明专利4项，院技术改进奖一等奖2项、二等奖6项。主编国家标准1项、行业标准1项，入选院青年拔尖人才。

火箭院物资中心有这样一位青年，十余年来矢志践行航天精神，深耕于型号用元器件测试试验、应用验证等方向，在平凡的岗位上刻苦钻研、点滴积累，不断突破一个又一个技术关卡，用经手的一颗颗小小元器件，在航天强国建设新征程上谱写出属于自己的青春之歌。

没有金刚“钻”就揽不了“元器”活儿

36 周岁的加春雷，已经是物资中心元器件可靠性保证方向的“老人”了。23 岁大学毕业时，已获得西安电子科技大学研究生保送资格的加春雷，为了航天报国的理想，毫不迟疑地选择做一枚航天“螺丝钉”。刚入职，他就开始负责分立器件从元器件测试、环境试验到标准建设、目录制修订等工作。由于专业技术人员紧缺，加春雷几乎是“出道即巅峰”，没有学徒阶段，直接面向高标准完成各项高难度任务挑战，而且“后墙不倒”。俗话说没有金刚“钻”就揽不了“元器”活儿，加春雷说这个“钻”有两重含义，名词钻是要有真本事，动词钻是要铆着劲下苦功夫。他从啃厚厚的全英文设备手册开始，不断学习掌握各类标准方法，遇到不懂的问题就请教老同事、查教科书、查资料；同时充分利用下厂监制验收的机会现场实操，将书本知识和资料融会贯通。短短的半年时间，就从“行业小白”快速成长为专业技术骨干。

当时，加春雷负责的双路大功率二极管测试试验，采用常规二极管程序，需要手动切换二极管连接方式，打开保护罩，进行安装固定功率端子—关闭保护罩—测试—打开保护罩—更改功率端子连接方式—关闭保护罩—测试这一系列操作。这些操作不仅速度慢，还会造成高/低温下的二极管降温/回温，影响测试准确度。加春雷苦苦思索解决方法，查阅设备手册和相关资料，意识到从本质上讲双极型晶体管即是两个PN结的串联，于是他大胆提出将双路二极管视为晶体管的创新思路，编写出晶体管测试程序来测试双路二极管。这个小小的创新，将测试效率足足提升了5倍。还有热阻测试，曾经测试一只器件平均需要3小时，加春雷通过分析测试流程，寻找制约短板，分析制约测试的关键因素在于温度敏感参数校准阶段。通过改进测试设备通道数、设计新型测试夹具，使测试时间缩短了80%。类似的例子还有很多。在加春雷眼中，年轻意味着更敏锐的洞察力和创新思维，能通过不断创新工作方法达到为中心降本增效，就是个人价值的最好体现。

要做就要做业内标杆

随着火箭院业务领域的快速拓展，空间辐射环境的影响已经不能忽视。但在这个领域，火箭院只处于起步阶段，还未建立成熟、完善的抗空间辐射能力评估系统和试验技术平台，也无法得到充分的试验数据和可靠的试验结果。面对这个挑战，加春雷和他的团队从空间辐射敏感器件识别及辐射特性、辐射试验评估方法、验证试验和基础数据积累等方面开展了全面支撑技术研究。他们克服了对辐射的恐惧心理，数次赴中国原子能科学研究院开展单粒子试验，最终突破了某新型飞行器用典型复杂微电子器件单粒子翻转测试的关键技术，相关成果获得了发明专利，填补了院在考核、评价微电子器件抗空间辐射性能方面的空白。

失效分析是元器件可靠性保证的重要方面，失效分析工程师相当于元器件的法医。通过仔细观察，加春雷发现功率器件是本专业最易失效的器件类型之一，失效原因众多。为摸清现象和机理的对应关系，加春雷和他的团队对数百只 MOSFET 开展了静电放电-机器模型、静电放电-人体模型、动态开关、线性

加春雷在进行测试电路设计

模式工作、大电流冲击等多种模式试验，对失效的器件逐一开展解剖后的内部形貌分析，揭示了失效机理与失效现象的内在联系。该研究切实提高了团队的“法医”专业技术水平。通过多年努力，如今他所在的团队已经走在了航天元器件质量保证领域的前沿，在行业中起到了标杆和示范作用。

目标定好了，撸起袖子加油干

随着某重大工程的推进，加春雷迎来了更艰巨的任务，需要在短时间内完成多种元器件的应用验证工作。时间紧、任务重，加春雷和他的小伙伴们撸起袖子全力冲刺。开展全项需求分析、提炼验证指标、确定指标权重、设计验证试验、确认器件合格可靠、通过用户评审……加春雷以钉钉子的精神，夜以继日埋头苦干，为了航天报国的理想，不叫累，不抱怨。最终按期高质量完成任务，获得了用户的高度认可。

经过十多年的专业磨砺，加春雷和他的团队编制了以《宇航用半导体分立器件通用规范》《基于低频噪声参数的电子元器件可靠性评价方法 第2部分：光电耦合器件》为代表的30余项国家级、行业级、集团级标准，为统一军用元器件规范、提升产品质量奠定了坚实基础。

此外，型号对自主可控的要求凸显。作为某型号元器件副主任设计师，加春雷锚定100%国产化方案目标，开展了万余项元器件的独立评价，为解决国产替代过程中带来的不可避免选用商用工业级元器件问题，制定了商用工业级元器件的质量保证措施，从元器件选用控制、元器件评价、认定及验证等三方面入手，给型号的元器件选用、质量管控、自主可控提供了有力支撑。

加春雷奋勇扛起了元器件可靠性保障重任，他坚定理想，用心钻研，勇于创新，以实际行动践行铮铮誓言，为加快建设航天强国贡献自己的青春力量。

梦驻航天志为新

张舒，出生于1989年3月，硕士研究生就读于火箭院北京航天自动控制研究所，毕业后留所至今一直从事长征系列新一代运载火箭控制系统软件研制工作，参与中国空间站、月球探测器、火星探测器发射等数十次国家级重大宇航任务。获集团公司科学技术进步奖一等奖1项，授权专利10余项。

从向往航天到走进航天，火箭院北京航天自动控制研究所控制系统软件专业主任设计师张舒的航天之路并非一帆风顺，他曾面临过无数的困难和挑战，但他却始终在曲折中为实现航天理想而努力拼搏。

从航天梦扬帆启程到与火箭共同成长，张舒将对理想的追求转化为对创新的热情，让不断升级的航天理想充满了坚持与奋斗、探索与拼搏，引领着他从一名航天事业的崇拜者、追随者成为航天队伍里的有为者、担当者。

潜心学习　向往航天

“与航天结缘要从我的中学时代说起。”张舒就读于北京师范大学附属中学，“和院里一样，我中学校园里也有一座钱学森雕像，这里也是钱老曾就读的地方。”提起母校，张舒言语里满是自豪。正是在这儿，他对航天事业产生了最初的向往。

中学时代，张舒所在的班级叫“钱学森班”。老师经常给大家讲以钱学森为代表的航天创业先辈们自力更生、奋斗报国的故事，激励他们潜心学习，立志为祖国的科技事业作贡献。老师的讲述让特殊的使命感与荣誉感在张舒的心里扎了根，“中国航天事业汇聚了那么多的优秀前辈，就像优秀和完美的代名词，让我产生了无限憧憬。”

遥远的榜样在不断召唤，眼前的创新成就则带给张舒更加强烈的震撼。在张舒的记忆中，每当电视里播放国家重大发射任务时，学校都会组织师生一同观看。“尤其是 2003 年，我永远都不会忘记。我和同学们一起凑在电视屏幕前见证了我国首位航天员杨利伟圆梦太空，特别是火箭腾空而起的那一刻，我心中的热血跟着沸腾了。”从那一刻起，张舒心中的航天梦开始生根发芽，“火箭”更成为了张舒心中最具象化的理想。

踏实奋斗　走向航天

理想刚刚启程，太空却浩渺遥远。少时的张舒深知，想要走向中国航天还有很长的路。为了离理想更进一步，张舒开始了属于自己的“问天之路”，而“创新”和“实践”正是这条路上的关键词。

在“钱学森班”的培养下，张舒收获了创新精神和实践能力，心中的理想也越来越坚定，对火箭的热爱和追求也逐渐从憧憬变为脚踏实地的行动。在高中的日子里，张舒不仅刻苦学习，储备扎实的知识，还利用课余时间阅读了大量的航天书籍，不断探索新的知识领域。

高考结束后，张舒毫不犹豫地报考了哈尔滨工业大学。他认为，“在这里我一定可以朝着我的理想更进一步。”怀着这样的目标，一路走来，他又如愿来院就读研究生，朝着航天理想前进，张舒看到了一批批人创新求变，也见证了一批批创新成果落地生根。

漫漫求学路上的苦乐与艰辛，打磨着航天理想的坚度，而实力的积累与思考的深入更为这份理想带来了新的升华。他说：“哈工大‘规格严格　功夫到家’的校训和院‘建设航天强国　维护国家安全’的使命深深影响了我，我对中国航天事业的认知也在‘诗意苍穹　浪漫逐梦’的基础上，补充了一层理性的底色。”

快速成长　创新向上

“我触碰到自己的理想了！”2014 年，完成研究生论文答辩的张舒加入了长征五号运载火箭研制队伍。走进实验室第一天，张舒竟然摸了 20 多分钟的设备电缆。他回忆道，“那是我第一次碰触真实的设备，是梦想照进现实的一刻。”

“打造零缺陷软件产品”，在那一刻，张舒为自己定下的新目标一如既往的高，但他深知，“士不可以不弘毅”，在对自己的高期许、高要求下，迎面而来的挫折和挑战反而让张舒成长得更快了。

和身边的许多人一样，张舒坚定地认为，干科研苦与难是常态，干航天尤其如此。“很少有挫折能打击到我们，除了那一次。”张舒口中的“那一次”是 2017 年长征五号遥二运载火箭发射失利，他唯一一次觉得理想狠狠受挫的一次。“在最初很长一段时间里，我觉得我们的火箭发射成功是理所应当的。”张舒颇为感慨地说道，“但那次失利痛彻心扉，让我深刻地、亲身地体会到，即使我们拼尽了全力，失利也并不是不可能出现的。”比起接受失利，张舒说，更难的是走出失利，战胜失利。在接下来的时间里，张舒跟随团队不断复查、创新、完善自己的产品，在这个过程中，张舒变得越来越坦然，但对新技术、新产品的把控却变得更加严苛。“严肃认真、周到细致、稳妥可靠、万无一失”，简短十六字中蕴含的意义和道理，张舒和团队成员们不断体悟并实践着。那时的张舒，是长征五号运载火箭型号团队里最年轻的设计师，经此一役，张舒觉得自己真正成长为一名能独当一面的航天科技工作者了，他对这份航天理想的追求也变得更高更严格。

张舒在进行系统试验

与箭同行　“向新”攀升

2021 年，先后参与完成长征五号、长征七号、长征八号等运载火箭配套软件研制及多个型号产品首飞、国家级重大飞行试验任务后，张舒走上了软件专业主任设计师这一岗位，负责新型运载火箭软件方案论证和研发工作。建设航天强国的使命感，更多地融汇进张舒个人的理想。张舒说，“我的理想不再只属于自己，它有了更加宏大的主题和向往。”

为了更好地托举起这份理想，张舒大胆创新、稳步迈进，而对于他的工作来说，这份“大胆”还意味着更加深厚扎实的基础，让新型号的研制工作“新”“稳”兼备，成为了张舒面对的新挑战，但他依然坚定，一往无前。

在相关方案的论证中，张舒创新提出要引入以往航天工程中未使用过的“软件定义”理论，“没有人能拍胸脯保证用这个新技术一定能成功并实现理想的效果”。张舒的提议引起过质疑，但他对新技术的坚持，落实在了口头、笔尖和行动。他日夜加班查阅资料，研究成熟方案，带领团队开展了数轮次的设计、试验、改进，最终研制出软件定义的原型产品，让新技术成功“上马”，有效支撑了多个新研型号产品研制，较大程度缩短了软件研制周期、降低了软件研制成本。

主导攻关软件定义、协同研发、自动化测试等前沿技术……如今，让承载着航天事业未来发展的这份宏大理想，伴随新一代运载火箭不断向上攀升、向新发展，是张舒最大的心愿和目标。他说，“未来，我会怀着这份更远大的理想，为新一代运载火箭的研制发展贡献更多智慧和力量。”

实干，绽放向阳之花

陈彤彤，出生于1994年5月，硕士研究生毕业后，入职火箭院北京航天长征飞行器研究所，主要从事目标特性设计、航天产品设计工作。获院科技进步奖一等奖1项，收录国防科技工业科技报告1篇，授权国防专利6项，发明专利1项，获院优秀共青团干部荣誉称号。

在加快建设航天强国的新征程上，一批批火箭青年激情澎湃、斗志昂扬，北京航天长征飞行器研究所设计员陈彤彤就是其中的一位。她把理想植根航天沃土，与时代任务紧密相连。在设计一线、数据库里埋头钻研，在试验场地、项目厂房里奔走丈量，她的青春在一次次成功中熠熠闪耀，理想在实干中绽放向阳之花。

绝知此事要躬行

办公室里，陈彤彤常常是第一个到的人。一大早，开电脑、查邮件、列清单，一气呵成。打开文件夹，陈彤彤用文档便签功能标记出待办工作，一个任务一个颜色。一抹抹“小黄”“小蓝”，让纷繁的工作更清晰，也为她一天的忙碌涂上了色彩。

工位之外，开会交流、汇报进展，紧急排产、协调资源……陈彤彤驾驶着一辆红色的电动自行车奔忙。或在通勤路上，或在会议间转场，或赶往生产车间，她的步履始终铿锵坚定。

5个类型、16种装置、1个批产项目，从方案、图纸到实物，其间涉及的上下游单位、机关处室、各岗人员，都需要设计师的协调沟通。系统庞杂的航天事业里，陈彤彤一点一点学习着、成长着，从未有丝毫懈怠。

犹记得，刚入职时，正值所里开展产品分析统计工作，她手上的表单厚厚一沓，每个表单上都有着上千行内容。这项工作看上去简单，实则十分繁琐。陈彤彤明白，单单堆积罗列不可取，在前期吃透技术的基础上，她仔细“剥开”每一个产品，以最高标准具体分析着每一道工序流程、每一个原材料标准、每一个外协厂家资质……统计中，她发现个别零件的外协厂家有了变更。为此，陈彤彤特意和工艺人员跑了一趟现场，确保技术细节落实到位。

“怕麻烦、怕困难，心浮气躁，是绝对做不好航天工作的。”深夜，走在回宿舍的路上，陈彤彤复盘着一天的工作。在体系庞大、作风严谨的航天事业中，这名航天青年的炽热理想正在闪光，闪耀在一个个数据的梳理中、一个个产品的更优设计中、一个个项目的有序推进中。

千磨万击还坚劲

3年前的年初，春寒料峭，夜晚的办公楼下有些空旷、冷清，陈彤彤抱着巨大的泡沫纸包装箱忙碌着，匆匆脚步声中流露出几分轻快。原来，她负责的产品刚刚完成了试验装配，过程十分顺利，这也让她一直悬着的心放了下来。

此次试装的产品源于一次紧急测量试验。“一切以完成任务为重”，接手任务的那一刻，陈彤彤便给自己立下了原则，无论有多艰难，都要全力以赴克难关、守节点。

在当时激烈的竞争态势下，简化方案、确保安全、提升产品性能，每一项设计要求都不能落下。如何确保可靠？如何简洁设计？和着深夜的灯光，她苦思冥想着。一处处优化改进展现着她扎实的功底，一页页方案报告留下了她执着的坚守。

产品出图、技术交底、跟产、试装……围绕更优的产品、更高的效率，陈彤彤忙得团团转。那年春节，伴随节日气氛而来的是愈发紧张的生产节奏。在阖家团圆与完成任务间，陈彤彤决定只身一人奔赴外协工厂“驻场跟进”，只为产品交付更稳妥一些、更可靠一些。

在现场，每一件产品的尺寸、外观、功能，陈彤彤都仔细地观察着、记

陈彤彤

录着、检测着，唯恐落下哪个环节，唯恐哪个数据出错。有了她的现场指导，各项工作一步步顺利推进，节点也一步步严格把控，外协厂家的工作人员称，有她在宛如有了“定海神针”。而陈彤彤却说：“其实，来到现场更放心的是我自己。”

“放心不下”体现了一名航天青年的责任和使命，“只身逆行”诠释着一名航天青年的情怀与担当。

缠好泡沫纸，装进包装箱，抬上运输车，产品终于出发了。目送着车子越行越远，陈彤彤感觉如释重负却又沉甸甸的，从出原理图到成功交付的一幕幕在脑海中一一显现，那是理想让每一个攻坚的日子铺满光芒，是奋斗让青春的岁月沉淀出了色彩。

此心安处是吾乡

学生时代的陈彤彤，经常全国各地跑，饱览祖国大好河山；工作后的她，也经常全国各地跑，却没有时间游览美景。单是近两年，5 项大型地面试验、7 次飞行试验，产品督产、场地资源协调、数据判读……全国各地，布满了陈彤彤奔波的脚印。

出差做试验的地方大都比较艰苦，任务也相对繁重。有一年夏天，陈彤彤在执行任务途中因为水土不服住进了医院。为了赶在产品之前到达，对症治疗后，她顾不上休养，便忙不迭乘坐 20 多个小时的大巴车赶赴试验现场。

此次试验的产品外形新颖，其现场安装备受关注。在进行最后一道工序时，伴随着一次次“一、二、走”的口令，4 名操作工人对称施力，在有限的产品接口空间里奋力完成着安装任务。

此前的多次地面安装试验中，陈彤彤都是全程跟着现场确认。如今，真正的考验面前，她更是打起了十二分精神。站在高高的操作平台上，她绕着产品一遍又一遍地查看，仔细核对每一处机械接口，直到多媒体全流程完备记录后才放下心来。夏日炎炎，她一站就是好几个小时，连喝水的工夫都不舍得耽误。一番忙碌后，看着规规整整的产品呈现在眼前，陈彤彤觉得比什么都开心。

“只有荒凉的沙漠，没有荒凉的人生。”她时常会想起父辈的教导，告诫自己要学会静得下心、沉得住气。无论荒无人烟的戈壁沙漠，还是车水马龙的大城市；无论科技感满满的创新院，还是机器轰鸣的加工厂；无论当天往返打“飞的”，还是一待就是三两个月……每到一个出差地，陈彤彤都脚踏实地完成好每一项工作。她说：“有心在、有梦在，每一次全力以赴都值得。”无论何时何地，这名航天青年始终保持着一颗初心，坚守着、行动着、收获着。

向下扎根，向阳成长，青春的汗水洒在奋斗的土壤里，必将绽放最美的花。未来的日子，陈彤彤将持续扎根工程一线，用奋斗绘制美好蓝图，用坚守追逐心中理想，用实干唱响青春之歌，用拼搏奉献伟大的航天事业。

扛过最难，下一秒就是新突破

王世林，出生于1987年10月，博士研究生毕业后，入职火箭院北京航天长征飞行器研究所，作为某平台总体设计完成了某空间某平台研制及首飞，将预研成果成功转化到工程实践。获集团公司科技进步奖一等奖1项，院青年拔尖人才，所鸣镝榜样、鸣镝技术创新奖等荣誉。

“当你觉得这一秒是最忙、最累、最难的时候，往往下一秒就会有一个新的突破。”在重点产品研制过程中，遇到前所未有的困难时，北京航天长征飞行器研究所王世林经常会这样鼓励同事，“扛过最难，下一秒就是新突破”，这是他的经验之谈，也是他不畏难、勇突破的心声。

急事有办法

系统多、专业全、技术难度大、复杂程度高……谈及自己负责的某项目，王世林能一口气罗列出一系列的难题，但即使认清了这些难题，他也从来没有想过放弃，从来不肯停下创新进取的脚步，突破一道道难关，朝着成功不断迈进，很多人都觉得，他总是能在急事面前想到办法。

在某项试验任务过程中，一个关键设备出现了故障。王世林说："当时国内各配套单位反馈的维修周期都是 3 到 6 个月，按照这个方案解决问题的话，会严重超出试验的进度要求，若不想出新办法，最终的飞行试验任务会因此无法按期完成。"

当时身为主管设计，面对这个"拦路虎"，王世林没有丝毫抱怨，赶紧投入问题解决之中。他细致分析、周全考虑，凭着对试验方案、流程和产品性能的深入了解，提出"办公升降桌＋工业升降台"的替代方案，不仅满足试验需求，还能极大地节约时间，满足进度要求。

得到领导专家认可后，王世林组织各专业人员进行了周密研讨。升降桌性能承载和稳定性测试、场地布局改造、转接工装改造、试验流程修改……他带领试验队员制定了一系列应急措施，并通过了多次流程演练，确保万无一失。

最终，替代方案完成了使命，试验按照节点如期完成，为该所重点产品项目的圆满完成奠定了重要基础。"从接手这个项目，我就在脑海里反复推演整个试验过程，两年多的时间里，不知道推演了多少遍，几十个时序动作、每一个参试设备……都要万无一失。"王世林说道。

正常需要 2 个月的试验任务，最后用 20 天完成了。这期间，始终紧绷确保试验可靠性这根弦的王世林瘦了 8 斤，但试验成功的那一刻，王世林觉得一切都值了。

难事多承担

零下 20 摄氏度的隆冬，身处室外环境，风一吹，浑身都凉透了，王世林却带着试验队员们在雪地里忙着产品首飞前最后的准备工作，对扑面而来的寒冷全不在意。

用来做地面测试的电脑罢工了，机身上贴的“暖宝宝”已经几乎不管用了，电气主管设计赵洋脱下他的军大衣包在电脑上，埋头继续工作；测发控主管设计刘欣的手已经冻得不听使唤了，王世林接过刘欣的测试工具和他一起完成测试任务；试验当天，从技术阵地到发射阵地的路上，车辆几次陷到雪地里，无法前进，大家都齐心协力把车从雪地里推出来……整个队伍都在憋着一股劲儿，他们要团结奋斗踏平坎坷，全力以赴赢得成功。

项目涉及研制的新领域，某些技术在国内属于空白状态。面对前所未有的难题，王世林没有选择国外相关研制常用的技术方案，而是调研了国内相关行业的状况，选择了一条更为先进、更有拓展潜力的技术路线。

但走别人没有走过的路，必然会面对不可预知的风险，王世林选择的这

王世林

条技术路线也一样。为了在产品首飞前充分释放技术风险，他带领大家策划了 6 轮地面试验，一轮轮开展系统检测。针对不同试验出现的不同问题逐项优化，终于在第 6 轮试验中实现了所有预期技术指标。

“5、4、3、2、1，点火！”随着指挥人员干脆有力的口令，产品腾空而起，呼啸着在空中飞出了最美的弧线，王世林和产品研制人员们欢呼雀跃，庆祝来之不易的成功……此次试验的成功标志着项目完成了里程碑节点任务，成功验证了集团公司某首个平台。该平台所突破的多项关键技术均为业内首次，丰富了平台谱系。

险事冲在前

航天产品用的部分燃料存在一定危险，近距离操作风险性较高。某产品在完成有毒燃料加注后，还需要完成产品与工装位置确认及多类测试仪器上电等相关操作。在这些精细度要求较高的操作任务中，部分岗位的试验人员需要进入试验区，直面风险。

“关键时刻冲得上去、危难关头豁得出来。”为了精准完成操作任务，保证试验人员的安全，王世林带头成立了“党员先锋队”，带队向安全精准完成所有操作的任务目标发起冲锋。他们根据试验要求细致分解操作步骤，压点减员、制定严格的操作规程，确保每项操作都有足够的安全保障措施。

产品与转接工装的位置关系十分微妙，稍有不慎就会造成误差。为了确保产品在试验前处于最佳的初始状态，王世林没有选择内部容易起雾的全面式防毒面具，而是选择使用了保证清晰度的半面式防毒面具，牺牲了一定的防护性能，王世林却说：“这样我能够更准确地确认产品与转接工装的位置，在最后的关键时刻不出任何纰漏。”

提前 2 天培训“党员先锋队”如何穿戴防毒面具，试验前半小时服用解毒药品……精细准备之后，王世林戴上防毒面罩，第一个走进了试验区。想着与自己朝夕相处的产品已进入关键环节，马上就要执行任务了，他谨慎小心，按照步骤小心翼翼地操作着……经过一步步精细准备之后，王世林带领团队圆满完成了任务，悬着的心终于落了地。

15 年前，王世林高考的第一志愿填报的就是某平台设计专业，目标清晰地朝着航天梦想奔赴而来。自投身航天事业以来，他始终坚守报国初心，以高度的责任感、使命感和工作热情，投入先进平台的设计研制任务中，数年如一日。试验每成功一次，他距离梦想就更进一步。

如今，在新的产品论证工作中，王世林一如既往地努力着。沧海横流方显英雄本色，急难险重方显作为担当。他不仅扛起了为国铸利剑的重任，还让一名共产党员的铮铮誓言掷地有声。

架起通往未来的桥

赵国柱，出生于1986年10月，硕士研究生毕业后，入职火箭院北京航天长征科技信息研究所，主要从事科技情报研究工作。获中国航天基金会航天贡献奖，集团公司科技进步奖三等奖1项，院科技进步奖一等奖2项，院青年拔尖人才称号，公开发表文章10篇。

情报收集与分析是型号产品研制队伍紧跟未来技术发展趋势，助力更好设计方案的重要手段。火箭院北京航天长征科技信息研究所赵国柱自工作以来一直奋战在科技情报领域一线，从收集到的资料里进行分析和提炼，为研制队伍方案论证、技术攻关、领域创新做好情报和信息先导。将工作做在细微之处，赵国柱身上既有航天人的脚踏实地，也有属于青年人的创新进取，他带队基于情报分析研判未来发展趋势，架起通往未来的桥，支撑研制团队抓住型号产品的发展方向。

情报工作须严慎细实

火箭院办公大楼前“严肃认真、周到细致、稳妥可靠、万无一失”16个大字，时刻警醒着赵国柱，提醒他航天是一项“严慎细实”的事业，航天情

赵国柱

报工作亦是如此，这是他在首次执行任务时学到的，也是多年来一直坚持的。

“那是我工作后第一次独立进行情报收集和分析工作，要配合专家进行项目论证，完成数据调研与分析。”赵国柱回忆道。接到任务后，赵国柱建立了分析框架与研究路径，采集了100多个数据源的数据，处理了500余条数据，才最终形成研究报告。

审阅了好几遍报告后，赵国柱自信满满地进行了汇报。但自以为已经做到最好的他却在会后收到了专家在研究方法、研究框架设计、数据分析、术语翻译等多方面指出的问题。专家告诉他：“成功就是差一点点的失败，情报工作关乎未来的发展方向，必须‘严慎细实’。”这句话，赵国柱铭记至今。

将这次经历当作自己的入职第一课，赵国柱将“严慎细实”融入血液，在之后的每一次情报收集、处理、形成报告的过程中都会进行多方查证，并虚心请教、与专家进行充分沟通与交流，再三确认报告的准确性。如今，已经是副主任的赵国柱带队做情报工作时，仍然会时常告诉团队成员在工作中要严谨，才能更好地为型号研制服务。

实干才能出成果

放弃周末和假期，日夜不停攻关，在一次专项任务保障中，赵国柱带领团队成员在用户处封闭了一个多月，圆满完成了保障任务。近几年，这样夜以继日的高强度集中攻关，已成为赵国柱工作的常态。

随着要配合收集情报的型号产品增多，上级机关、用户方、兄弟单位情报收集的需求量增大，情报室多项任务并行，工作量持续增加，高压力、高强度、快节奏已经成为赵国柱和同事们的日常。在许多个挑灯夜战的日子，在一个个放弃休息的假期，一份份情报分析方案成型，为型号产品顺利研制，为上级决策规划制定提供有效助力。

埋头苦干出成果，赵国柱和同事们不断在学习中总结方法，他们在全球排名前十的智库中选取了200余份报告，一一进行研读和交流，从中寻找能借鉴、学习的数据进行分析，总结报告编写方法。

赵国柱和同事们将日复一日积累的经验和学习心得应用在工作中，用更科学的手段为情报收集与分析工作“提速”：制定数据采集标准，缩短数据采集时间；改进报告报送形式，以图表展示，用数据说话……他们凭借科学的方法与脚踏实地的努力在课题研究、集中攻关、专项保障、专报报送等多项任务中得到了用户和上级领导的认可。

唯创新者胜

“现在，大家获取知识更加便捷、迅速，以生成式人工智能为代表的前沿技术正在变革情报信息分析业态，我们的优势是什么？怎么才能在航天情报工作中守正创新？”秉持青年人创新的锐气，近几年，随着信息传播速度的提升和手段的更新，赵国柱一直在思考怎样通过创新情报工作方法，让研究团队能以最快、最直观、最准确的方式获取信息，并在工作中不断尝试、落实着创新的想法。

在推进重点任务中大胆使用新方法，赵国柱和同事们边创新边实践，结合专家意见和用户反馈不断完善，从方法、产品、研究工具等多个方面，对情报工作进行了创新与升级。

在创新方法方面，赵国柱和同事们用可视化呈现数据的方式，用场景图、大事记、态势图让数据更加直观；在创新产品方面，他们在信息推送平台上开设了“每日推送”“专题推送”等专题和领域数据库，及时更新推送数据，让型号产品研制队伍能第一时间接收最新消息，同时基于任务需求，探索开发了知识模型、博弈量化分析方法与产品等，提升情报产品的技术水平，基于情报数据标准论证设计实体扫描监测与画像数字系统，初步构建起情报工程化发展的新型情报产品体系；在创新研究工具方面，赵国柱和同事们选取不同视角系统分析技术走向，采用科学方法推演未来技术发展方向，集成多方面数据挖掘关键技术的实施路径等，为研制队伍提供更准确的信息。

深耕情报领域多年，赵国柱公开发表文章与著作 10 余篇；完成多个重大型号提出的情报研究任务，为型号产品研制队伍解决研制问题、促进专业技术发展提供信息支撑；牵头支撑多项上级重点任务，服务战略决策，并凭借优异表现获评中国航天基金会航天贡献奖、集团公司突出贡献党员、集团公司科学技术奖、火箭院青年拔尖人才等荣誉。

“虽然我不直接参与到型号产品研制中，但能为航天型号产品的发展尽一份自己的力量，在每一次成功的时刻，我都觉得与有荣焉。”坚定的理想指引着赵国柱日复一日坚守在情报工作岗位上深耕细作，他脚踏实地、勇于创新，以“做好每一次情报收集与处理”为目标，在支撑航天强国建设的征程上绽放属于自己的绚烂之光。

噪声实验室里的“体检医生”

齐江龙，出生于1989年6月，硕士研究生毕业后，入职火箭院北京强度环境研究所，主要从事力学环境试验技术研究。获院技术创新奖一等奖2项，授权受理专利14项。带领班组获得航天工业质量信得过班组、集团公司青年文明号、院长征班组等荣誉。

志向是人生的航标，在科技创新的道路上，离不开那些立鸿鹄之志、敢于担当的人，他们为了共同的目标而不懈追求，一起将平凡的努力汇聚为奔涌前行的大江大河。

世上无难事　只怕有心人

齐江龙的同事时常称他为“埋头族”，不是因为他爱埋头看手机，而是因为他总在埋头忙工作。噪声实验室里，齐江龙身穿工作服，正专心致志地调试着新设计的噪声试验系统。

噪声试验就像给试验件做个“噪声体检”，通过模拟实际使用中可能遇到的各种噪声环境，考核试验件在噪声环境下的工作性能是否稳定，是否出现故障或者性能下降等。试验技术人员就像“体检医生”，不仅需要熟练掌握相关标准和试验方法，还需了解试验设备的性能和操作规程，同时具备敏锐的洞察力，能够精准捕捉试验件在噪声激励下的微妙变化。为了提升“体检”的整体效果，获取数据更精准，齐江龙总爱琢磨哪个环节可以改进，哪个步骤可以优化，特别是那些不易发现的小细节。工作中他经常提醒自己：一直这么做就一定对吗？用着不顺手慢慢就习惯了？

为得到行波管内的声场数据，试验用的每个行波管中都装有传声器，但因为管内安装空间狭小、无定位措施，每次都用海绵包裹住传声器推到行波管中相应的安装孔位置，这种方式会导致传声器在试验过程中受到影响，显示信号异常或直接脱落，所以每次试验前都需要逐一检查确认。

长征五号运载火箭伫立在测试工位

这天，齐江龙在安装传声器时又开始琢磨了，“怎么才能又快又准地装进去，还不用担心脱落？”闲暇时，就见他反复观察行波管尝试各种安装方法，最终采用了在行波管中安装快接转接头并用橡胶紧固套固定，再将传声器与插头相连接这种快准稳的安装方式，不仅传声器再也没报过错，还大幅提高了工作效率。“要不是每次都能采到精确的数据，我们都快忘记它的存在了！”齐江龙打趣道。这些看似“微不足道”的小创新还有很多，每一项都是针对一个实际问题，“聚沙成塔”既节省了试验成本，又提高了工作效率，这也是齐江龙每一次小创新的初衷。

榜样的力量　梦想的荣光

作为组长，齐江龙是组里年轻人的榜样。在他自己心中，前辈们面对困难披荆斩棘的魄力和从容不迫的定力，也是他在攻关困境时的“定海神针”。

在一次型号试验调试过程中，由于试验件体积大且结构复杂，量级要求高，谱形控制难度大。齐江龙带着组员尝试了不同控制方法，变换控制参数，改变设备组合方案，不知不觉已经很晚了，依然没人肯离开。眼看着几位刚刚还斗志昂扬的年轻人脸上已是藏不住的失落，齐江龙招呼大家休息：“大家要有信心！咱们组有好运 buff 加持，什么难题最后都能解决！”齐江龙笑着给大家打气，“我记得刚上班时，咱们作为牵头部门代表所去竞争一套非常复杂的声—振—温—湿试验系统，面对提交时间紧、竞争对手实力强、项目论证难度大的挑战，当时咱们组长张卫红义不容辞接下这个任务，第一时间召集组里包括我在内的 3 名年轻人组成论证团队，和所里各领域的专家一起头脑风暴，讨论项目细节，最后确定实施方案。张姐带着我们连续奋战 60 多个小时，完成了 100 多页的盲评报告和概算报告等，终于在时间节点前按要求提交了全部材料。最后结果圆满，我们成功拿下了这个大项目！咱们不仅要有过硬的技术，同样要有一颗强大的内心。这样，面对困难时就更有底气磕到底了！”现在齐江龙接过前辈的接力棒，成为噪声组的班组长，回忆起跟着前辈一起奋斗的这段经历，齐江龙心中充满自豪。

后来，他和大家一起重新梳理了试验数据，深入分析控制关键点，最终找到了突破口，完成调试。他的乐观、坚定感染着组里的每一个人，大家在他的带领下干劲十足，就像他故事里的那样，每一次都按质按量按时完成任务。

“我们组长是个非常踏实可靠的人，责任心很强，还不怕困难，跟着他干再难也不觉得难，现在我们组在他影响下遇到点儿难啃的工作都还挺兴奋！”在同事心中，齐江龙是一位有高度责任心的人，他时刻保持着对工作的热忱和信心，并将这种激情传递给身边的每个人。

一旦决定做　就要做最好

试验控制间的显示屏上刷新着各种数据，齐江龙专注地坐在电脑前，眉头微皱地被淹没在数据中。随着型号产品试验任务难度不断攀升，试验人员必须不断使用“新招数”解决问题，面对很多人都犯怵的难题时，齐江龙却显得乐此不疲，他常说“任何工作都是发现问题、分析问题、解决问题的过程，有难题就对了！那就是咱们中奖了！”

齐江龙所在班组获集团公司青年文明号荣誉（前排右一为齐江龙）

生活中的齐江龙是个慢悠悠的好脾气先生，工作中却是个专钻牛角尖的“硬核”组长。碰到难题时他和组员们二话不说迎难而上，但有一次他也遇到了个“硬核”难题。

那是一项飞行器行波管噪声试验，之前采用的试验方法是将飞行器作为一个整体，加载相同的试验条件。而这次不仅要求将飞行器划分为 8 个区域，并且每个区域还需加载不同的噪声载荷，同时兼顾实际飞行中的其他环境问题。齐江龙知道，要完成这项任务就必须开创新的试验设计方法，难度不容置疑。“一旦决定做了，就一定要做好，要不干脆就不做。”这句话经常被他挂在嘴边。为了此次试验任务，全组一起查阅了大量资料，进行了复杂的仿真分析，设计了各种试验方案，开展了试验验证……终于设计出了一套完美符合试验需求的方案，不仅解决分区加载的难题，还能模拟飞行器在实际飞行过程中迎风面、背风面的不同噪声环境，效果超出预期！正式试验当天，齐江龙和组员们一起见证了那一个月“创新成果”满分交卷的时刻。

那段日子，他每天早出晚归，无暇顾及小家。有很长一段时间他和刚出生不久的宝宝几乎没见过“醒着”的彼此，每天下班时，宝宝早已睡着；上班时，宝宝还没醒，他也只能轻轻摸着肉肉的小手，默默地表达对他的爱。回忆起这段经历，齐江龙笑笑说：“成为更棒的人，对自己、对孩子都是一份很棒的礼物！所有的努力都是有意义的，不怕不会做，不怕做不好，边学边做，最后都有收获！”

奋斗青春　无问西东

王佳铭，出生于2002年6月，大专毕业后，入职火箭院山西航天清华装备有限责任公司，主要从事加工中心操作工作。获第一届黄河流域职业技能大赛数控车项目金奖，第三届山西省职业技能大赛一等奖，院第二十四届职业技能竞赛决赛数控车工第二名，被授予“太行技术状元”“三晋技术能手”等荣誉称号。

人的青春只有一次，它不仅是用来奋斗的青春，也是激昂的青春，更是汗水铸就的青春。王佳铭在数控加工领域里宛如一颗璀璨的新星，闪耀着坚韧与执着的光芒。从对数控的懵懂无知，到成为技术能手，他凭借坚定的信念和不懈的努力，一路披荆斩棘。在企业中，他无惧挑战，迅速掌握新技能，出色完成各项任务。在技能大赛的舞台上，他精益求精，展现出卓越的技艺和非凡的心理素质。作为航天青年，他心怀使命，传承航天精神，彰显新时代青年的担当！

技能之光照亮理想之路

王佳铭中考结束后报名了技校数控加工专业，那时候他对数控完全没有概念，连机床长什么样子都不知道。妈妈带他到学校报名时，门口宣传栏里往届优秀学生的照片和事迹吸引了王佳铭的目光，由此，“想成为他们中的一员”这一个信念深深扎根在了王佳铭的心里。

刚入学时学的东西少、很基础，训练也只是做些小零件，枯燥、乏味，可王佳铭却保持着热情，积极参加学校举办的各种技能竞赛活动，成绩一直名列前茅。二年级时班主任推荐他进入学校青苗班学习，他被安排到数控车项目。来到车间后，正好遇见徐庆红学长正在备战第八届全国数控大赛，那娴熟的动作和精美的赛件，深深吸引了他。学长的专注和自信，仿佛在诉说着背后无数次的尝试与磨练。那一刻他的心中满是羡慕与向往，暗暗下决心，一定要通过不懈的努力和练习，达到学长的水平。这并非易事，但那熟练操作的身影已成为他前进的灯塔，照亮奋斗的道路。在老师的悉心指导下，王佳铭开始投入大量的时间和精力，刻苦学习理论知识，扎实开展实操训练。他熟练掌握了各种刀具的使用工况，切削参数的选择和调整，对工艺路线的选择有了更深的理解，也渐渐养成了良好的心态，遇到问题不浮躁、找原因、想办法。

王佳铭

2019年，王佳铭初试身手，代表学校参加数控综合加工比赛，那是王佳铭第一次参加技能竞赛，当时的情景至今仍记忆犹新，他和队友取得了第一名，这对王佳铭来说，是对自己坚持努力最大的奖励。同年，王佳铭参加了第一届山西省职业技能大赛，省赛中的挑战和困难让他更加深刻地认识到自己的不足和需要努力的方向。这次的技能竞赛打开了王佳铭的眼界和见识，这段经历成为他人生中一段宝贵的回忆，激励着他不断前行。功夫不负有心人，2021年他参加第三届山西省职业技能大赛，取得一等奖的优异成绩，被授予“三晋技术能手”称号，并获得了2018—2019年度国家励志奖学金。

凭借着这股对数控加工特有的闯劲、钻劲和韧劲，2021年王佳铭以优异成绩毕业，加入山西航天清华装备有限责任公司，如愿成为了一名航天人。每当谈及技校学习的经历，他总是感激当时那个树立正确理想并坚持努力奋斗的自己。

过硬本领助推青春航程

进入企业实习，单位里六位全国技术能手再次让王佳铭认识到了差距，也让他有了更大的动力。当时他被安排操作一台数控铣镗机床，铣镗机床的数控操作和数控车床完全不同，而且使用的是西门子系统，他完全不懂。面对新的挑战，他及时调整心态，每天拿着笔记本，围着师傅转，师傅每天教几个操作指令，他就记几个，再去网上查，查不到的第二天再去问师傅。他把师傅讲授的加工难点和各种规格刀具的切削参数一一记录下来，认真研究数控机床的操作说明书，仅用3个月时间，就具备独立上岗的能力，圆满完成了分配给他的各项生产任务。

表现优异的他，成为公司人才培养的一颗“新星”，单位将他安排到五轴数控机床上，让他接触更先进的设备，挑战更有难度的生产任务。通过车间系统全面的培训，他不断将所学理论知识运用到具体实践中，不断发现自己的不足，并改进提升，没过多久，他便能够独立完成具有难度的工作任务。随着技能水平的不断提升，他多次主动请缨，出色完成“急、难、险、重、新”的生产任务。

不断练就过硬本领的同时，普通劳动者怎样才能成为“技术大拿”是王佳铭时刻思考的问题。每年开展的各类技能大赛就是最好的练兵场，这种独特的竞赛能够激励年轻人在职业生涯中完成由“学徒”到“大拿”的蜕变。2023年火箭院第二十四届职业技能竞赛决赛，这是王佳铭工作后第一次参加技能大赛，从集训到比赛历时20天，虽然时间短，但是这20天的经历将伴随他的一生。

在此期间，教练花了非常大的精力来指导大家，上午教理论知识，下午指导他们训练，每天一同训练到很晚，甚至吃饭的时候都在提问大家理论知识。王佳铭回忆，尤其是临近比赛的时候，很煎熬，很漫长，一定要按照比赛规则模拟比赛，进行系统训练，在训练中培养意志力和责任心，提高操作速度，从系统训练中发现问题、分析问题、解决问题，做到精益求精，提高处理突发问题的能力和心理素质。随着时间的推移，技能大赛将至，王佳铭饱含着激动澎湃的心情。比赛过程中，最主要考验的是选手临场发挥能力和平时训练积累的功力。刚开始进赛场的时候，王佳铭是有点紧张的，过了不久他就进入了比赛状态，紧张感消失，随之而来的是全力以赴。按照平时训练的状态把控时间，就能完成零件全部加工。在集训和参赛中，他始终保持坚定踏实、精益求精的状态，与团队并肩奋斗，携手共进。最终，王佳铭在火箭院第二十四届职业技能竞赛决赛中取得第二名的成绩。同年，参加第四届山西省职业技能大赛，取得第二届全国技能大赛世赛选拔赛的门票。

每一个技工都会有一个“世赛梦”，世赛于技工学子而言，就像奥运会对运动员们的意义。比奥运会更残酷的是，世赛的项目都有年龄限制，在国赛获得好成绩后，才可以得到冲刺世赛的资格。比赛带给王佳铭的另一笔宝贵财富，就是团队合作精神，每次紧张的赛事，他都不是孤军作战。记得在训练过程中，没有找到和比赛一模一样的机床，院领导便联系机床厂去那边进行训练。在机床厂，他不仅熟悉了新的机床操作，还与厂里的工人师傅交流经验，收获颇丰。不管遇到多难的考题，他都有信心接受挑战。领导的支持、教练的指导和同事们的帮助，给了他巨大的力量和坚定的支撑。

“新时代的接力棒已然传到我们手中，生逢其时的航天青年应以此为动力，自觉担负起新时代赋予的使命，在一线广阔的大舞台上增长见识、施展才干、求真务实，为航天强国建设贡献自己的青春力量。”这是王佳铭掷地有声的誓言，也是我们每一位青年掷地有声的誓言。

激扬青春展现航天风采

作为一名航天青年、一线产业工人，能以团代表身份参加中国共产主义青年团第十九次全国代表大会，让王佳铭备感荣幸，内心十分激动。王佳铭说：“这是我人生中第一次走进人民大会堂，抬头看到从前只在荧屏上看到过的人民大会堂，只觉得庄严壮观。当习近平总书记等党和国家领导人步入会场时，掌声雷动，经久不息。那一天晚上我一直都在反复回想那个时刻，那个初见人民大会堂的时刻，那个见到习近平总书记等党和国家领导人的时刻，那个大家齐唱国歌的时刻，那个掌声雷动的时刻……每每回想我都饱含热泪！我深为自己是一名航天人感到骄傲和自豪。”

在两次的分组讨论中，王佳铭结合报告内容与团内其他代表分享了他的感悟及近年来航天科技取得的重要成果，讲述了技能报国的重要意义，代表团代表给予充分的肯定。通过与其他代表交流，王佳铭再次深刻认识到航天事业的发展在国家发展中的重要作用，深深体会到了肩上的时代责任和使命担当。王佳铭表示，将以更饱满的热情、昂扬的斗志投入生产工作中去，团结引导更多青年员工怀匠心、践匠行、做匠人，早日成为一名优秀的青年航天一线生产操作者，成为合格的社会主义接班人。

王佳铭始终坚信惟有立足岗位，坚守“初心”，攻坚克难，打磨“匠心”，用“航天精神”“工匠精神”立起新时代标杆，激扬青春之志，抒发青春之情，奉献青春之力，才能助力航天强国的蓝图变为现实。亲历团十九大也让王佳铭更加坚信并期待，新时代的航天青年在实践中能够自觉扛起责任使命，立足岗位、脚踏实地，练就过硬本领，奏响青春旋律，讲好青春故事，展示出新时代航天青年的风采！

王佳铭参加团十九大

越是困难越向前　越有挑战越敢干

吕博瀚，出生于1988年12月，2018年博士研究生毕业后，入职火箭院北京精密机电控制设备研究所，获评集团公司优秀毕业博士研究生，入选集团公司青年拔尖人才，获评2023年度北京市丰台区“榜样人物”，2023年度集团公司航天精神青年模范奖。

怀揣报国之心，选择扎根航天，踏上机器人末端操作灵巧手研究的漫漫征程；面对困难与质疑，初心不改，一往无前，倾注心血却甘之如饴，使产品性能指标比肩世界一流……坚持科技自立自强，火箭院北京精密机电控制设备研究所项目技术负责人吕博瀚以航天技术跨界解决医疗领域难题，在实现理想、追求超越的道路上，永不止步。

迈出灵巧手研制关键一步

吕博瀚与中国航天的故事要从9年前说起，彼时，25岁的他站在人生的十字路口：一边是专业对口的美国常春藤盟校抛来的橄榄枝；另一边，我国空间机械臂末端操作仿人灵巧手的技术空白亟待填补，中国工程院院士、航天伺服技术专家曾广商决定招收一名深耕这一技术方向的博士生。机缘巧合之下，吕博瀚邂逅了曾广商院士，当亲眼看到这位年过七旬、白发苍苍的老人依然奋战在科研一线时，吕博瀚被航天人肩负的家国使命深深感染：“选择航天，就是做‘国家事’、担‘国家责’。希望我也能以己所学，为国所用。”

人体206块骨骼中，有54块在手上，驱动这些骨骼的手部肌肉结构和神经系统分布极其复杂。用于机器人末端的灵巧手集机械、电子、驱动、控制、传感、智能等10多个专业于一体，而吕博瀚硕士期间专业方向偏向于算法和理论研究，与机器人技术关联甚少。

“当时，曾广商院士看了我基本都是满分的成绩单，笑着说，‘你学习能力很强，我相信你。’”如愿以偿成为中国航天人，成为曾广商院士的亲传弟子，吕博瀚下决心一定不负期待，跨专业也要啃下“硬骨头”。

吕博瀚在调试机器人

自此，吕博瀚将办公室搬进车间，恨不得把 1 分钟当成 2 分钟用。白天用来画图、写设计方案；待到夜深人静，他就自学软件开发、琢磨手部解剖图谱，常常不知不觉就到了第二天凌晨。他用最便宜的面包板搭信号电路，用廉价的玩具电机代替专业伺服电机，刻苦钻研控制算法，直至熟练掌握机电一体化系统所有技术分支。

凭借不服输的拼劲，吕博瀚逐一攻克多项关键技术——15 自由度灵巧手第一轮样机诞生了。

性能指标比肩国际先进

样机研制成功只是起点，“既然要做，就要做到最好”的信念始终根植在吕博瀚心中。

在迭代研制的过程中，很多零件在市场上买不到，业内也没有相关制造工艺，吕博瀚只能自己画图、组装，仅灵巧手关节外的保护管一项，就曾历经多次优化。他尝试用自行车轧线管来做保护管，但那过于笨拙；还用定制细波纹管来代替，但控制精度远不达预期，寻寻觅觅，终于选定微型弹簧管，它在保障手部动作精准的同时，又能有效防止性能老化。

“困难确实客观存在”，吕博瀚说，“但越是有挑战，我就越想做成。”

为了打磨细节，吕博瀚与车床、零件朝夕相伴。历经无数次推敲、设计、试验、推翻、再设计，新一轮仿人机器人灵巧手诞生了，它触觉感知敏锐、动作精准有力，具备双臂双手精细操作能力，性能指标可以媲美世界顶级公司研制的产品，技术和元器件也完全实现自主可控。

让航天科技惠及民生

技术的生命力在于应用。由于未找到明确的应用牵引，2021年，灵巧手团队的成绩不太理想。这个结果让吕博瀚始料未及，灵巧手下一步的路在何方？他有些迷茫。

情绪低落的吕博瀚坐在单位外面的台阶上发呆，突然，手机收到几条彩信。点开一看，是曾广商院士亲手写下的自己对机器人灵巧手一些关键技术点的看法和推导思路，还认真地手绘了多张图纸。看着看着，吕博瀚的视线模糊了："曾广商院士高瞻远瞩，关注的是中国航天发展的战略层面。让空间机械臂长出灵巧手，对我国空间在轨服务和国防安全的意义是极其深远的。这个愿景承载着几代人的梦想，每一步都会很艰辛，但绝不能止步不前……"

曾广商院士的信息犹如一道光，驱散了吕博瀚心头笼罩的阴霾，他坚信，自己一定能在灵巧手研制中创造更多的可能："我们自主研发的仿人机器人灵巧手的精度已经足够高，它除了未来能应用于浩渺太空，是不是也可以服务民生、造福大众？"

一个偶然的机会，吕博瀚从医生朋友处得知，我国曾斥巨资从国外进口心脏外科手术机器人，但在使用过程中，对方却拒绝提供技术支持，最新一代产品还禁止对中国发售用于临床医学。一套售价千万元的设备，才做了10台手术，其中的末端灵巧操作臂就要强行报废。

不想受制于人，就必须手握核心技术。吕博瀚决心要用航天专业技术积累，为我国医疗装备辟出一条新路。瞄准被称作"上帝之手"的高端医疗装备——单孔心脏外科手术机器人的微型灵巧末端操作器，他展开论证攻关。

线上会议、视频电话，吕博瀚与医院的心脏外科专家深入交流，仔仔细细地观察手术影像，再结合医院采购的老设备进行研究。双方经过近4个月的研讨，形成了可行性方案。通过验证，吕博瀚团队的技术方案过硬，成功立项国家重点研发计划，为我国高端医疗装备的发展做了核心技术储备。

在同事眼中，吕博瀚犹如不会停歇的“永动机”。“他对于自己负责的项目、研制的产品，都不会满足于一般意义上的好。当一个项目完成，大家感觉需要停下来、缓一下时，他又会定一个更高的目标，逼自己下一次做得更好。”

一个人的精力是有限的，如何在短短几年间实现那么多突破？吕博瀚略思考了一下，说：“其实，一个人有多少聪明才智、能否取得真正有价值的成就，关键要看他是否有成就一番伟大事业的强烈意志和执着追求。当个人追求符合国家利益，才能产生强大而持久的精神力，中国航天就是可以激发巨大而持久的精神力的事业。”他似在解答疑问，又似在道明长久以来的那颗名为航天报国的赤子初心。

为航天光学智能感知计算开疆拓土

董斐，出生于1990年5月，硕士研究生毕业后，入职火箭院北京航天计量测试技术研究所，主要从事光学智能感知相关工作。获集团公司航天创新奖，院长征创新奖，院技术改进奖一等奖，院科技进步奖二等奖，被评为院青年拔尖人才。

坚守创新理念，传承创新基因，北京航天计量测试技术研究所青年董斐踏上科研之路，向世界科技前沿、国家重大需求不懈奋进，将光计算技术引入航天，带领团队建立并保持了中国航天在光学智能感知与计算领域的先发优势，为航天光学智能感知计算开疆拓土。

一辈子总要干成点新的事

董斐出生在河南省一个小村庄，父母都是村小学老师，他从小就跟父母住在学校里。学校没有桌椅板凳，课桌就是底下垒着砖的门板，板凳是学生们从家里带的，放学还要背回家。五年级时，省市的图书馆捐赠了两千余册图书给学校，董斐每天上完课就钻进图书室。当时有一本关于星际航行的科幻小说，让他印象特别深刻。也许就是在那时，钻研尖端科技、攀登高新技术的志向就被点燃了。

循着这样的志向一路走下来，董斐在 15 岁就以优异的成绩考上了武汉大学。2014 年硕士毕业的董斐加入火箭院，成为一名钻研高新航天技术的火箭人。在进行基础研究、嵌入式编程、红外探测产品设计等常规研制工作的同时，他学习了解的新东西越多，想要在自己的专业“干成点新的事”的想法越强烈。2019 年，董斐作为青年骨干被集团公司派往国际空间大学进修，与来自 36 个国家的航天科技工作者深入交流。看到众多先进技术，与领域知名专家近距离交谈……一种时不我待的紧迫感在董斐心中迅速蔓延，他想为自己深爱的航天事业做成一点“新的事”，为这份事业的美好前景出一份更大的力。

导师让学员们做个小报告，阐述当前哪个工程进展最适合用在宇航技术上。董斐进行了大量资料搜集、调研，发现光计算技术有很大的应用前景。

董斐在进行系统调试

“光学探测是我们的研究主业，人工智能是我们的创新方向，如果能结合两者高效应用，或许能对航天技术发展产生更好的推动作用。”这时光学感算一体化技术闯入他的视野，激发了他的创新灵感。

18个月将光计算带入航天

“夫夷以近，则游者众；险以远，则至者少。”预研创新之路同样如此。当时光计算在国内没有相关应用，董斐没有项目支撑，在领域里也没有什么名气，要想推动立项，一切都需要自己去提、去论，用方案、用实力说话。同事李旭形容董斐的日常，“每天忙得飞起来”。身边人都被他的精神感染了，每天跟他一起高效推进各项任务。光计算建议书出来后，立项还要过五关斩六将。经过多轮汇报审核，最终获得专家们的认可。2021 年底，光计算项目一期正式立项。

习近平总书记在《求是》发表重要文章强调，“创新从来都是九死一生，但我们必须有‘亦余心之所善兮，虽九死其犹未悔’的豪情。”说起过程中的艰难，董斐神情坚定地说，“创新就是在搞新的东西，永远跟不确定性作斗争，如果心里一直想着这个好难，失败了怎么办，创新还怎么能进行得下去！”正是秉持着这种坚持不懈、勇攀高峰的精神，他用 18 个月完成了方案论证，得到了用户方的认可，拿下了这个曾经大家都担忧立项难度太大的大项目。

6个月展示样机获用户认可

成功立项了，董斐更忙了。用户方迫切地想见到应用效果，董斐要带队在 6 个月内完成第一阶段展示样机研制，如果产品性能达到预期，他们将拿到第二阶段的研制经费，推动光计算技术再上一个台阶。常规的科研项目从立项到样机展示动辄需要两三年甚至更久的时间，6个月的周期是极短的。董斐连犹豫的时间都没有，作为新技术应用的提出者及项目负责人，董斐进行了全面统筹。研制样机、仿真试验、跑通流程、采集数据，他带领大家一起干，始终冲在第一线，连节假日也不放过。

最难的还是在疫情的影响下推进进度。当时核心器件制备厂房所在地管控严格，生产线一度停工。董斐穷尽所有协调办法，一边联系厂家，一边调整方案，将能做的工作先开展，最终赶在用户规定期限内，高水平完成了展示样机。用户方和国内专家们高度认可了产品后，董斐和项目团队顺利拿到第二阶段的经费批复，开始一边推进创新迭代，一边加速成果转化。

董斐的努力和付出，打动了很多人。有位领导曾心疼地说："干得太辛苦了，你看小董年纪轻轻，都长出好多白头发了。"青丝换白发，奋斗换成功，不断创新沉淀了智慧，也见证了他风雨兼程。

扎根光计算应用沃土

创新不是简单突破，更要有实际应用。如果说2019年去国外进修激发了创新的灵感，那2021年董斐被集团公司选派为国家和用户方讲解多个国家重大任务创新项目产品，让他对国内的科技创新生态模式和国家需求有了更深刻的了解，"立志奉献国防科技创新"的目标和志向更加清晰。

2022年，光计算技术和产品迎来了一次更上一层楼的机会。该领域项目指南发布，董斐带着光计算技术方案和团队逆袭夺标。竞标对手实力强大，在该领域属于绝对权威，最初大家都觉得这几乎是不可能完成的任务。

路虽远，行则将至；事虽难，做则必成。"竞争对手把论文发在国际顶级期刊上，中国航天人是把论文发表在祖国的大地上和天空中。”“不要面对强大对手就退却，想想当年我们共产党人在井冈山面临那么悬殊的差距时，如何一步步从弱小走向强大的。”所领导的鼓励，让董斐燃起斗志。竞标团队最终在评审会上脱颖而出，一举获批独家承担，让火箭院在光学智能计算领域站稳脚跟。

“技术创新，是我要干一辈子的事业。”在董斐心里，创新只有起点，没有终点。一个个重点项目立项成绩的取得，让光学智能计算领域有了航天的身影，也让董斐在光学智能计算领域崭露头角。成绩的不断取得是鼓励更是鞭策，用持续的守正创新，推动多个国家级重点项目发展，并快速转化应用，推进火箭院建立新技术优势，进一步推动航天强国建设和世界一流军队建设，实现数字化、信息化、智能化三化融合发展，董斐矢志不渝。

做世上未有之事的热血青年

邵健帅，出生于1988年10月，硕士研究生毕业后，入职火箭院北京航天发射技术研究所，主要从事航天发射技术工作。获集团公司科技进步奖二等奖1项，院科技进步奖一等奖4项、二等奖5项；获军方某专项任务最美专家，院质量工作先进个人，院安全生产先进个人，院外事与国际化先进个人，院青年岗位能手，靶场任务之星2次，优秀共产党员，优秀员工等称号。

面对波涛汹涌的大海，如何实现固体运载火箭的快速、自动化起竖和安全、可控飞行，是一项世界性难题。邵健帅作为捷龙三号固体运载火箭发射支持系统的总体设计师，始终相信“道阻且长，行则将至”，由他带领的青年突击队历经十八个月努力，探索出了基于海况等级对火箭发射安全性评估的全链路研究方法，成功实现了海洋多体动力学与火箭发射动力学的有机结合，打通了链接星辰与大海最重要的环节，保障了捷龙三号运载火箭首飞任务圆满成功，填补了我国海上发射空白。

学无止境勇于攀登

1988 年，邵健帅出生在山东青州一个闭塞的偏远乡村，他对外面的世界知之甚少。偶尔在电视上看到欧美国家的航天飞机、火箭等发射成功的消息时，他感觉“航天是一个很遥远、很神秘的事物”。

2003 年，正在读初二的邵健帅在电视上看到了长征二号 F 火箭发射神舟五号载人飞船升空的新闻。当时的他“民族自豪感瞬间拉满”，心中对这份事业背后的科学技术充满了好奇和崇拜，一颗“成为科技工作者”的种子在他心底扎下了根。

2015 年，毕业于西南交通大学轨道交通专业的邵健帅来到了北京航天发射技术研究所从事发射技术工作，小时候的梦想一朝实现，那份航天报国的初心就像鼓满了风的帆，向着远方起航。

航天事业是高科技行业，开拓新领域，研制不断升级换代的型号产品，都需要不断学习、持续充实自己。邵健帅花费了大量的精力提升自己，利用假期、下班时间学习行业标准规范、专业书籍，在脑海里建立起完善的航天产品研制体系。同时，他不断学习别人的优秀作品，频繁参与讲座和单位培训等，快速从轨道交通专业实现跨领域转变，成长为总体设计师，开启了大型固体火箭海上发射技术研究工作，飞跃式的成长离不开他刻苦学习的良好习惯和勇于攀登的精神。

在火箭海上发射中，影响火箭安全发射的因素众多，为了探明哪些是核心因素，邵健帅带领团队成员开创了运载火箭发射动力学的二次开发仿真分析算法，识别了复杂海况条件下导向式海上热发射面临的动态环境条件，解决了全系统、全柔性、动基座、非线性等高度耦合的系统动力学问题。为了了解水动力学对船舶的影响，他翻阅学习了大量船舶相关知识，多次到相关高校调研、学习。功夫不负有心人，最终建立了基于海况等级–发射船艏向与浪向夹角–发射船晃摆角度–火箭出框安全间隙、火箭出框后姿态角的全链路分析方法，解决了运载火箭海基发射条件临射前安全评估的难题，提升了我国运载火箭在恶劣海况环境下海上发射的能力，使火箭院具备在四级海况下进行发射作业的能力。目前，捷龙三号火箭已经具备年发射次数不少于10发的能力，有力支撑我国商业航天高密度发射。

一定要做到万无一失

相比陆上发射，运载火箭海上发射不仅可实现各种倾角卫星发射，而且通过建设海上专用发射平台，可具备实施全球海域发射能力，满足低纬度地区卫星组网发射需求。围绕日益旺盛的商业卫星发射需求，火箭院开始在海上发射模式上发力，力争有效解决国内商业发射市场痛点，填补传统运载火箭退役后留下的能力空白，在未来商业航天市场中塑造竞争优势。同时，实施海上发射，能够促进航天技术和海洋工程技术的跨域融合发展，为今后实现全球海域发射和可重复运载火箭海上回收奠定技术基础。姜杰院士表示：海上发射可以大幅增强低倾角轨道载荷发射能力，满足中国和“海上丝绸之路”沿线国家和地区的发射需求，为中国火箭“走出国门”开辟新的道路。

技术攻关往往是枯燥而繁琐的，但航天人接续奋斗、勇攀高峰的信念是坚定的。“技术攻坚是一场战役，我们一定要勇往直前，不惧、不退。”邵健帅带领90后青年突击队，先后推动捷龙三号固体运载火箭实现了三大技术突破，即大头罩的固体火箭姿态控制技术、大吨位固体火箭整体起竖技术、固体火箭海上热发射技术，保障了捷龙三号运载火箭的首飞任务，同时也为火箭院长远发展积累了经验、积蓄了力量。

2021年3月立项后，以邵健帅为首的青年突击队在半年时间里，先后研究了俄罗斯、欧美、日韩等国家和地区的海上发射技术，论证了多个总体技术方案，采用多物理场耦合仿真技术、缩比试验技术和大量创新方法，解决了火箭在起竖过程中出现偏载、在垂直待发阶段出现倾覆、在飞行初期姿态不易控制等问题，实现火箭在飞行初始阶段的可控飞行。他们开创了非定常燃气流场仿真、热态喷流试验以及二阶瞬态仿真计算相关理论研究，解决了发射平台在大吨位固体火箭海上热发射条件下的高密度发射设计难题；优化了基于燃气流场计算结果开展发射平台精细化热防护方案，缩短了发射后状态恢复周期至 7 天内，实现了火箭规模存储、任务交叉发射的能力，进而保证了高密度发射。

与此同时，为了进一步提升型号的商业竞争力，邵健帅带领团队从三个层面开展了降本增效设计，通过开展精细化总体使用流程，优化发射平台总体设计方案，通过开展全系统仿真替代 1∶1 全箭弹射试验，降低关键技术研制风险，共节约研制成本数千万元。此外，从发射平台兼容性、半实物系统

邵健帅带领的青年突击队在发射现场（后排左八为邵健帅）

仿真方法等维度成功降低研制经费数千万元。

在研制过程中，有这样一组数据：检查核心产品 200 多种金属原材料、3000 多种电子元器件、15000 多条关键承载焊缝、4 万多枚螺栓紧固件等，累计编写了数千页的各类分析报告。

这组数据的背后，蕴含着他们为了突破关键技术，反复论证的几百个日夜；是他们为了保障交付时间，调试到凌晨四五点的晨光；是他们为了充分检验产品性能，策划了数十个试验项目的尽心竭力……

寒冬，漫天飞雪中执着坚守的身影；盛夏，烈日骄阳下晶莹滴答的汗水。无数个清晨与深夜，试验车间外一串串深深浅浅的脚印，都记录着他与队员们攻坚克难的决心与永不言弃的信念！

我们做成了世上未有之事

执行任务期间，一直漂泊在海上，受海上信号、任务进度等影响，邵健帅的家人们数周联系不上他，但父母知道他在“干国家很需要的事情”，不敢打扰，妻儿知道他日夜努力的任务到了关键时期，从不给他添麻烦。

出海期间，白天他们在甲板上配合总体进行各类测试和流程模拟，晚上回到船舱会议室里，大家又在归纳总结进行“三再”确认，“一天不发射一天就要绷紧不放松”，反复考虑可能存在的漏洞，提出解决可能故障的预案和措施，确保产品出海状态正常。

2022 年 12 月，终于到了出海的日子。邵健帅和同事们吃住在发射船集装箱内，隔一段时间就去保温棚里检查产品状态。冬天海上真冷啊，即使穿着厚棉服，也能感受到刺骨的海风，出去不到一刻，手脚便冻僵了，但是他们的心却依旧火热。他们每天简单地在甲板上铺上铺盖，伴随着发动机的轰鸣声、海浪拍击船舷的哗哗声入睡，船上虽然生活设备简陋，但只有在船上亲手完成当天的任务，邵健帅才能睡得安心、踏实。

潮起潮落，内心理想随之澎湃。看着太阳每天从海平线升起和降落，他心中坚定的信念从未降落，“我们所做的一切，事关国家航天事业”。他始终有着高度的责任感，带领团队百舸争流千帆竞，勇立潮头敢为先。

2022 年 12 月 9 日 14 时 35 分，捷龙三号固体运载火箭在我国黄海海域点火起飞，以一箭 14 星的战绩取得首飞圆满成功。邵健帅带领着他的青年突击队完成了国内首次海上热发射，突破的多项关键技术即使在世界范围内也堪称“第一”。

作为火箭青年的邵健帅，始终深知自己的使命与责任。未来，他将继续深耕宇航发射领域，参与到更多国家重大型号产品研制任务中。他说：“作为海上热发射技术总体设计，未来，我希望可以助力这项技术在国内实现更大突破，为国内外商业卫星用户的星座组网、补网、载荷验证等提供可靠、便捷、经济的专属发射、定时定轨道发射和搭载服务。未来，我们还将研制运载能力更强的发射平台系统，使得我国宇航发射具有更强的快速反应能力，走向国际一流水平。”

在科研生产服务保障中绽放花样力量

武丹，出生于1989年4月，大学本科毕业后，入职火箭院航天万源实业有限公司，主要从事火箭院科研生产景观环境服务保障工作。获院劳动模范，院突出贡献管理人员，院产业突出个人等多项荣誉称号，完成国家授权实用新型专利4项。

理想是指引成长进步的灯塔，有了理想，奋斗才有目标。武丹结合自身兴趣与所学，把人生志向同航天服务保障工作联系在一起，把个人理想融入航天强国建设的火热实践中，一步一个脚印走出了航天青年的成长成才之路。

怀抱理想，扎下爱岗敬业的牢固根系

如果说有那么一个地方能让武丹既热泪盈眶又手舞足蹈，那一定是酒泉卫星发射中心。那是她出生、长大的地方，在那里生活了22年的她，每每谈及总会将那片神秘的戈壁滩称之为她的生命源泉。那里浇灌出她人生最初理想的力量：奉献、攻关、坚守。对于武丹来说“航天”两个字代表了家的方向，是一种自然而然的选择。参加工作之后，武丹担任火箭院万源实业公司绿化工程部基层技术员，主要工作是为科研生产区和职工生活区的环境采购苗木。

“踏雪寻梅”是武丹对这项工作的诗意描述，每年积雪未退时，她就要往返几十个分布在京津冀的大小苗圃实地考察苗木情况。“踏雪寻美”是武丹对这项工作的质量要求，苗木和其他工程材料最大的区别就是一个“活”字，武丹在选看苗木前都会仔细研究图纸、方案等资料，摸清楚每一株苗木的景观作用。她选苗总要围着苗木“顺时针看三圈，逆时针看三圈”，经常一天要转好几百个圈才能选到“株型优美”的苗木，供应商都笑称她选苗的方法比古代皇帝选妃还细致。

工作第三年，她开始负责院科研生产景观环境的服务保障工作，直接负责院科研区、生活区近 80 万平方米绿地的日常维护管理。曾有人问她，料理花草树木和航天有什么关系，她说：“在科研区神箭景观园里有 100 株银杏树，每棵树下都放置着一块铭文石，记载着院前 50 年完成的 100 次发射信息。岁月流转，铭文石上的字迹日渐模糊，我一次次手握金笔描摹这崇敬与光荣。伟大的航天事业由一群航天人完成，而我的工作是让他们有舒适的、有归属感的科研生产环境，我的工作就是这个庞大系统里一颗坚守理想信念的小小螺丝钉。”

勇挑重担，绽放创新创业的青春花朵

“创新”一直是武丹头顶的一个标签，她常常关注“新东西”，只要觉得可以提升科研生产环境服务保障的新技术、新工艺、新植物品种都要去学一学、试一试。2017 年 5 月，武丹产假一结束就投入科研区第一个花境——神箭中路花境样板区的建设现场，在三天时间内完成了 30 余个新品种，超过 62000 株的花境栽植工作，使院主楼周边环境焕然一新。10 月，武丹牵头引进应用绿色雕塑新技术，以建院 60 周年为主题，用直径 4 米的双色花球、五色花桥等小品再现星球寰宇景观。每年院办广场立体花坛建设完，武丹总爱在广场一角看职工在花坛前打卡拍照的样子，感受自己工作的意义。

同年，武丹承担起绿化公司“万源e花”青年创新项目，迅速拓展出园艺服务的业务新板块，搭建起“绿色办公”和“绿色生活”两大服务保障场景，开发出无人花店、航天植物文创等多项新产品，服务职工人数在两年内突破千人，为解决纾解职工压力需求打造新路径。那时候的她经常在不同单位的会议室里侃侃而谈，与以往不同的是，这时的她手拿各色鲜花分享着花语、养护知识和插花技巧，在座的每个人身上都荡漾着轻松愉悦，原本严肃的会议室里弥漫着春天的气息和职工们的欢声笑语。

2018年10月，武丹作为院民品单位的唯一代表，在青年科技创新周主论坛进行了专题演讲，正如她结尾所说的“我们一直在积极探索，求新、求变。我们希望，‘万源e花’创新项目的小小改变，能够牵引更多传统业务的创新升级，能够牵引更多青年创新创业，为企业改革创新带去一缕新风”。确实，“万源e花”项目成为公司青年牵头立项并推动落地的第一个大幅创收项目，以武丹为代表的一批年轻的航天保障人，推动了公司转型发展，为传统服务保障模式带来了新的生机与活力。

不忘初心，满载硕果只为再次绽放

2019年4月，武丹30岁，获得院第三届劳动模范荣誉称号，是当时全院最年轻的劳模。她曾经这样形容：“劳动模范是我十年工作收获的非常重要的一枚果实，但对于一棵树来说果实并不重要，里面的种子才重要，我要做一棵树，每一颗果实都是新一次的破土而出、茁壮成长。”

2021年，武丹担任万源绿化公司经理助理，主要负责公司综合管理工作，用她自己的话说叫干起了“服务保障的服务保障”工作。从那之后，她站在绿化公司业务的后端再次出发，服务新老员工、推动业务融合，面对庞

武丹荣获院劳动模范荣誉称号

杂、琐碎的工作，一次次踏上“热情万丈、迷茫突破、收获成果”的新征程。

这一年，武丹建立了以自己名字命名的劳模创新工作室，带领工作室成员发挥公司创新中心的作用，以人才队伍和知识成果为突破口，完善公司人才激励一揽子体系，推动取得了6项实用新型专利，带动绿化公司青年们在科研生产服务保障各项任务中崭露头角。从精通业务到熟练管理，从一个人创新到带动一群人创新，武丹已经把自己的理想、执着与坚毅写进每一天的工作日志，与那些见证一枚枚火箭诞生、一型型武器研制的花草绿植融为一体。在她看来，干航天园林就是干航天，做好航天保障事业就是支撑航天强国建设。

在航天科研生产服务保障最前线，满怀青年人的探索热情，坚守航天人的理想信念，从一朵爱岗敬业的“岗位小花”蜕变成支撑公司发展的先锋模范，武丹正在用自己的方式实现灿烂理想，绽放最美年华。

让清洁能源闪耀航天光芒

周泉，出生于1986年10月，博士研究生毕业后，入职火箭院航天工程公司，主要从事含碳燃料清洁高效利用技术研发工作。获集团公司青年岗位能手称号，院青年拔尖人才，授权专利4项，发表SCI/EI论文4篇。

青年常为新，青年也最能为新。在火箭院航天工程公司，周泉就是一个全力向“新”的青年。创新的道路上，机遇与挑战并存，周泉坚定不移、百折不挠、一往无前，不断提升研发仿真计算技术，助力院航天粉煤加压气化技术一路领先，让航天技术的光芒闪耀在清洁能源领域。

没有？那就自己干！

“我们的航天炉不间断运行持续保持世界领先纪录，最长纪录达600天！”细数航天工程公司多个项目中航天炉交出的高分答卷，周泉无比自豪。

航天炉不断创造纪录，离不开核心装置——气化烧嘴。作为化工生产的核心部件，烧嘴一旦损坏就需要整个装置停车检修，造成的经济损失每日高达数百万元。如果一个烧嘴的运转寿命在一年以上，气化炉就不需要备炉，在两次系统维修停车之间不用更换或维修烧嘴，可以实现稳定、长周期和满负荷运行，其意义不言而喻。国外大部分烧嘴的寿命在 3 个月左右，个别较好的能够达到 6 个月左右。作为业界公认的难题，气化烧嘴燃烧不充分、寿命较短曾一度困扰着周泉和同事们。“不解决问题决不罢休。”周泉暗下决心。

这注定是一条难走的道路。交付客户使用前，新烧嘴结构通常会先在常压工况下进行试验，但试验环境与设备实际运行的环境大相径庭。“到项目一线去”，为了获得气化炉真实的运行状况，周泉多次深入项目现场，仔细观察设备实际运行情况，并与现场技术人员详细沟通。基于现场数据和理论分析，他提出建立相似准则，并大胆修改了试验工况条件，保证样机试验的流场与实际运行时相似。

进入精准模拟设备运行阶段时，周泉发现，大家手头缺乏相关的数值仿真软件。“没有？那就自己干！”说干就干，他自行开发出一款数值仿真软件，借助数值仿真工具考察不同旋流角度、喷口气速以及倒角等局部细节对烧嘴安全运行以及气化炉内温度场的影响规律，对试验结果进行验证，并深入一线跟踪产品运行情况，不断优化、迭代方案，完成了产品的最终定型，解决了气化烧嘴燃烧不充分的问题。相应地，气化烧嘴寿命也得以显著延长，航天炉不间断运行有了更可靠的保障。

再苦再累也决不放弃

上半身钻进了航天炉内，等到出来时，头上、脸上、衣服上黑乎乎的，周泉随手抹了一把脸，赶紧拿起本和笔记录下一行行宝贵数据。

采用干煤粉气化反应的航天炉炉膛反应温度高达 1500 摄氏度，为进一步

周泉在航天炉内部进行状态检查

提高炉壁的耐高温性，炉膛内利用燃烧后的熔渣“挂”在炉壁上以保护炉壁，熔渣既不能太厚也不能太薄，保持合适的厚度才能保证航天炉“安、稳、长、满、优”地运行。挂渣数学模型的精准性成为破解“挂渣”难题的关键。

炉膛内环境十分恶劣，测量手段受限，爬炉获取实际数据在很多人眼中“苦、脏、累”，提升建模精准性困难重重。难度大、进展慢，周泉也曾一度犹豫过，但想到一代代航天人传承着的“艰苦奋斗”“自力更生”的航天精神，他决定迎难而上，寻找问题的突破口。

有一天，周泉翻阅文献资料时发现，国外有一篇论文采用的数学方法与自己建立的模型大同小异。惊喜之余，他立即与论文作者联系。与之沟通的同时，周泉在项目现场，一次次钻进航天炉，结合得到的一手数据，开发出了适用于航天炉的壁面挂渣数学模型。利用该模型，对煤种粘温特性、烟气温度分布、颗粒沿壁面被捕捉率等因素的影响规律进行分析，得到不同参数的敏感度。为了更有效地分析气化炉内的挂渣情况，该数学模型可与计算流体力学进行双向耦合，将气化炉的壁面挂渣情况预测准确率提升至90%以上，能较准确地判断炉膛壁面受热面的烧蚀位置和渣口厚度，预判炉内流场与气化炉的匹配度，为烧嘴的选型和优化提供指导。

目前，这个数学模型已成功应用于项目中，保证了气化炉的长期稳定运行，为航天工程公司在行业的领先地位打下了坚实的基础。

用不了多久你们会全面超越我们

多年来，航天工程公司不断推动与各大高校科研院所“产学研用”深度融合。作为学术带头人，周泉主动与国内外的高校科研院所展开了深入探讨。2018 年，航天工程公司与德国一所大学启动合作共建“航天气化炉的先进数值仿真模型”计划。2021 年，这一计划进入最后的技术攻关阶段，而彼时，德国新冠疫情形势严峻，是否前往德国令周泉有些犹豫不决。当想到这是公司持续投入的一项重点研发任务，事关公司在世界的领先地位时，周泉坐不住了，决定只身前往德国。

时间紧迫，仿真模型的计算尚未达到预期目标，周泉做好自身防护，开始夜以继日调试程序、运算结果，并第一时间将结果反馈给德国专家。看着勤奋又勇敢的周泉，德国专家不无感叹地说：“在这个领域，你们用不了多久就会全面超过我们！”

付出总有收获，经过不断努力，周泉提前一个月完成计划成果，为院超大型气化炉的研制提供了及时、全面的支撑，为院在这一技术领域的持续领先乃至中国在这个技术上的持续领先作出了贡献。

创新没有终点，创新是持久的付出，唯有创新才能确保领先。周泉一如既往保持着学习的热情，紧盯仿真领域内最新进展，同时积极深入一线调研沟通，采用最新仿真技术更好服务和发展煤炭清洁高效利用技术。

心向星辰　科技逐梦

周雨琪，出生于1990年1月，博士研究生毕业后，入职火箭院航天材料及工艺研究所，主要从事特种胶粘剂与功能泡沫材料技术研究，获国防科技进步奖特等奖1项，集团公司科学技术进步奖一等奖1项，入选北京市科协青年人才托举工程，院青年拔尖人才等。

从一名初出茅庐的博士生，成长为特种胶粘剂研发的骨干青年，火箭院航天材料及工艺研究所的周雨琪仅用了 6 年时间。作为院青年拔尖人才，周雨琪始终“心”向星辰，坚守梦想，用虚心潜心、专心尽心、细心热心在科研的道路上一步步登攀新高峰。

快成长　虚心潜心

6 年前，周雨琪博士毕业后如愿进入了火箭院航天材料及工艺研究所，开始了特种胶粘剂与粘接技术的研究。时值航天事业蓬勃发展的关键时期，该技术领域也迎来了发展的新机遇，一系列新领域的重要任务接踵而来。站在探索未知的门口，周雨琪在责任与荣耀之下快速适应着、迅速成长着。

白天，她一头扎进实验室，向技术人员虚心学习各种专业仪器的操作，在实践中掌握产品性能；夜晚，她埋头查阅文献资料，在海量的资料库中潜心钻研。周雨琪入职后秉持着读博期间那股子刻苦钻研的劲头，在一本本泛黄的资料里，她不仅学习到了胶粘剂的专业知识，更逐步感受到了老一辈航天人的不畏艰难和坚韧不拔。她像一块不知疲倦的海绵，努力汲取知识的养分，一种无形的力量鞭策着这名航天青年茁壮成长。

就这样，她不断用理论知识武装头脑，将理论知识付诸实践，在“知”与“行”的交叉融合历练下，入职仅一年的周雨琪便显现出了惊人的成长速度。她独立撰写课题项目、技术报告，还积极参加各类学术交流活动，特别是在中国国际先进材料与制造工程学会中作的航天特种胶粘剂研究汇报，得

周雨琪

到了与会专家和同行的广泛好评。无论手头项目再多，任务再艰巨，她从不喊苦、喊累。她珍惜每一次成长的机会，努力拼搏。

深钻研　专心尽心

游刃有余的知识输出得益于周雨琪坚持不懈的知识积累。除了多项预研课题研究，她还同时承担着多个项目的技术应用转化和生产任务。在众多项目并行推进的复杂状况下，周雨琪时刻保持着严谨的工作作风，专心致志、尽心尽责，在点点滴滴中倾注着一名航天青年的满腔热情。

申报课题、撰写报告、试验分析，她潜心钻研扎实完成；把控项目节点、推进外协任务，她奔波在生产最前线；当试验遇到困难、技术瓶颈一时难以攻克时，她咬紧牙关不放弃……一件件小事、一桩桩难事，周雨琪忙起来常常感到分身乏术，却又总能做到“事事有着落，件件有回应”。她总是楼道里脚步匆匆的那一个，总是专心致志不轻易被干扰的那一个，也总是加班加点埋头苦干的那一个。

在同事们的眼中，她是一个不满足于“浅尝辄止”的人，搞不懂的事情都要搞懂，科学技术总要往深处挖。每当有任务牵引，她总是会循着机理进一步深入钻研航天技术的前沿领域，从复杂的成分到性能的优化提升，每一个细节都力求完美、不留遗憾。每当有重大项目的时候，夜深人静的实验室灯光下总是映着她专注的身影，那些看似微不足道的数据，在她眼中却是通往宇宙深处的钥匙。

一分耕耘一分收获，近年来周雨琪成功突破了多项关键技术，制备出了系列化超高温胶粘剂材料，并先后发表学术论文 20 余篇，申请专利 10 余项，先后获得国防科技进步奖特等奖、集团公司科技进步奖一等奖。2023 年，周雨琪入选院青年拔尖人才，成为北京市粘接领域的优秀青年科技工作者。

谋发展　细心热心

胶粘剂种类多，生产批次多，性能不一。在汇总整理组内多年的产品数据时，周雨琪细心地发现，其中一类胶粘剂的粘接强度随季节变化会产生周期性波动。“为什么会出现这种状况？”“其中的关键影响因素是什么？”尽管产品在不同时节的性能测试全部合格，这个微小的变化仍然让周雨琪陷入了思考。她和团队同事们展开了一场深入的分析。

“表面处理后基材状态存有差异。”经过大量的试验验证，他们最终确定了粘接性能波动的关键所在。紧盯这一问题症结，周雨琪又带领同事们向前一步解决问题，通过严格控制表面处理的环境参数，最终保证了该类型胶粘剂粘接性能在不同季节的稳定。

“细心”让周雨琪精益求精做好本职工作，也让她探寻着专业提升与发展的空间。她深知，胶粘剂是一个“小众”的方向，但是在零组件的连接中又必不可少。因此，每当有人向她咨询相关问题时，她总是热心地与对方沟通，并详细地介绍具体的粘接设计和应用工况，力求推荐最适合的胶粘剂和最佳的施工使用方法，帮助大家选对胶、用好胶。

在一次重要的项目中，周雨琪主动请缨，加入最前线的研制团队中。作为队里最年轻的技术人员，面对技术难题和时间紧迫的双重压力，她没有退缩，而是带领团队夜以继日地工作。从组分选择到工艺优化，每一个环节她都亲自参与，正是她的细心和对航天品质的极致追求，让项目最终取得了突破性进展，任务也取得了圆满成功。

每一项任务前，全面剖析，深思熟虑；每一次合作前，提前策划，周到细致……周雨琪的细心和热心感染着身边的同事们。和她打过交道的人都说她“靠谱！”这份信任的背后，是周雨琪对航天事业的一份钟爱，是她专业技术上所展现出的巾帼力量，也是她一言一行之中所传递出的航天精神。

“我们从晨曦中走来，脚踏历史的尘埃，一路风雨带着欢笑，一路歌声伴着豪迈。我们的征途是星辰大海。”周雨琪非常喜欢这段话，每当读起，其中所蕴含的豪情总能给予她无尽的鼓舞与力量。在胶粘剂研发的道路上，周雨琪将一路披荆斩棘、一路向阳成长。

细微之处见“新”章

程亚杰，出生于1990年3月，大专毕业后，入职火箭院航天材料及工艺研究所，主要从事复合材料加工与装配工作，多次获所突出贡献奖、敬业奖，授权专利1项。

“每一天，活得踏实，将分内的工作，做得尽自己能力之内的完美，就无愧于天地。”程亚杰经常用三毛语录里的这段话勉励自己和同事们。

作为火箭院航天材料及工艺研究所的一名钳工带班领队，程亚杰在尽职尽责做好分内之事的同时，特别注重发挥创新的力量，以“新”功夫力解难题，提升效率，并在传帮带上展现出满满的能量。

锐意创新解难题

精细画出标记线，制作大小不一、形状各异的孔，满足上下游工序的装配要求，这是程亚杰的工作日常。平凡的工作背后，程亚杰不仅踏踏实实努力着，而且还总是开动脑筋，不断用创新的思维攻坚克难。

在固安项目组成立之初，受设备条件的限制，金属斜孔和台阶起吊孔的加工都使用传统的摇臂钻加工设备，加工过程完全依赖操作人员手动控制。

在大批量生产模式下，产品交付节点紧张，这种加工方式不仅耗费操作人员的精力，同时对产品的高精度、高质量也是极大的考验。

“任何一个小小的尺寸超差都可能造成零件报废，甚至对整个产品造成更大的不良影响。”程亚杰清醒地意识到。为此，他主动思考，不断在实践中摸索，自主创新设计出了“斜孔限位器”和“台阶钻”工装，从根本上将超差隐患扼杀于摇篮之中。如今，程亚杰的“小发明”已经成功推广到多个批产任务的生产中，成了高质量加工斜孔和起吊孔的“神器”。

一次产品任务交付中，程亚杰发现产品表面存有一些字迹，影响了产品外观质量。他想尽一切办法，力争在不破坏表面涂层的前提下彻底清除字迹，高标准完成产品交付。但是经过现有溶剂的清洗、浸泡，字迹却像是“焊”在了产品表面一样，丝毫没有褪去。

一时间，这个小小的难题成了完成交付目标的“绊脚石”。程亚杰赶紧查阅相关专业资料，制作了试验件用于模拟产品，还先后跑到五金店、超市，买来汽油、脱漆剂、洗洁精、漂白剂，甚至还采购了风油精、花露水等，自主开展了多次试验验证。经过反复试验，最终，他成功找到了最安全可靠的字迹消除方法，圆满完成了交付任务。

“从事航天产品生产，责任重大，我们要有强烈的使命感和责任感，确保手中的每一件产品万无一失。”程亚杰一直这样严格要求着自己。他用刻苦钻研、顽强韧劲、锐意进取，破解着一道道难题。

推陈出新出成效

某产品需要加工的窗口数量多、生产周期长，工序复杂且精度要求高。整个过程对刀具的精度要求极高。生产过程中，操作者根据不同窗口的大小、位置和角度，反复更换6种刀具，还要根据工序需要，时常调整刀具的力度、变换操作角度，不仅影响加工效率，而且打磨刀具这项工作也费时费力，对操作者挑战极大。

程亚杰在进行零件加工

程亚杰是一个善于思考的人，他把这些问题看在眼里、记在心上，日常就琢磨着如何打破常规、提升效率。几经钻研和试验，他更改了刀具结构和材料，使刀具用起来更加顺手，加工效率也大大提升。同时，他还从降本增效的角度出发，优化了加工顺序，使刀具从6种减少到3种。更让人欣慰的是，工序的优化大大提升了产品的加工效率，原来需要3天时间才能加工出来的产品，现在只要7小时就可以完成了，顺利保证了产品的快速交付。

向创新要效率，程亚杰一直在努力。特别是在刀具的应用上，他下了很多功夫。在加工某特殊材料产品时，面对“调刀半小时、加工5分钟”的状况，程亚杰专门设计定制了专用刀杆，大大降低了调刀所需的时间。同时，他还利用业余时间查阅了大量资料，将刀具由原来的硬质合金材料尝试改为金刚石材料，提升了刀具的耐久性和稳定性。

独具匠心传帮带

努力提高专业技能，更新专业知识，紧跟时代发展，做一名合格的航天技能人才一直是程亚杰的梦想。程亚杰是一名标准的“90后”，虽然年轻，但是徒弟却不少。他深知，航天是一项系统工程，一个人干得好不如一群人干得好。经过多年的历练，他不仅自己手头上的活儿干得漂亮，还把自己的心得经验悉心传授给新入职的同事们，成了令大家敬佩的“老师傅”。

止动孔是一种钳工在产品加工中的常见孔。这种孔操作起来不算难，但难的是需要在一段时间内持续不断地重复相同的动作，期间稍有差错，就会导致孔径超差，或深度超差，带来重大质量问题。一方面为了确保高质量交付，另一方面为了项目周期按节点完成，项目组决定采取定员定岗的形式，培养一些专人负责止动孔的加工。程亚杰的徒弟渠瑞达接手了这项工作。

为了让徒弟更好地完成任务，程亚杰可以说是操碎了心。他每天紧盯加工一线，不仅教徒弟“如何做”，还教徒弟“为什么这样做”。干完手头上的活儿，程亚杰便利用休息时间给徒弟“开小灶”，带他练习加工不同深度、不同直径的孔。在师父的悉心教导下，渠瑞达的技艺突飞猛进，有时甚至不用卡尺就能调试出合格的尺寸，成了加工止动孔的“专业户”。“有止动孔的活儿就找渠瑞达，肯定能保质保量完成任务！”大家这样称赞道。程亚杰听了心里也放下一块石头。

一开始不少新入职的员工理论知识丰富，却缺乏实操经验，为此，程亚杰在完成自身工作之余，不断带动项目组成员相互学习。打孔、开窗口、粘接、装配……大家利用手头上的废旧铝板等材料，不断练习着多个工序，技能得到了全面有效的提升。就这样，在程亚杰的带动下，一支“青年军”逐渐建立起来。

“正是因为有了程亚杰，团队技术日益精进，由组建之初的‘一穷二白’成长为一支‘敢打硬仗、能挑大梁’的批产任务全优保障队伍。”事业部主任赵建设说。在庞大的航天系统面前，程亚杰就像一枚普通的螺丝钉，平凡亦不凡。未来，他将一直立足岗位，精心钻研，不断向新、向上，持续迸发出进取的光芒和前进的能量。

数控刀客的自我修炼之路

姚亚超，出生于1989年4月，大专毕业后，入职火箭院天津航天长征火箭制造有限公司，主要从事新一代运载火箭关键零部件数控加工工作。获全国青年岗位能手，天津市五一劳动奖章、技术能手称号，集团公司航天技术能手、青年岗位能手称号，院技术能手荣誉，院科技成果一等奖1项。

举重若轻，在薄厚之间追求极致平衡；刀剑舞动，助长征火箭搏击浩瀚长空。他用数控的高超技艺，镌刻着精密与极致，也雕琢出对航天事业的深沉和热爱。他就是火箭院天津航天长征火箭制造有限公司姚亚超。

初出茅庐，从姚“一刀”到“姚一刀”的蜕变

2007 年，18 岁的姚亚超高中毕业，站在了人生的岔路口上。经过慎重考虑，他毅然决定去读专科院校，学一门技术。“我有一个特点，脑子不够聪明，但‘奔’得特别死，非常认学。在河南方言里，‘奔’就是一心一意的意思。”姚亚超认为，随着航空航天高端装备制造业的发展，高精度、异形件的需求量增大，而数控专业，正是产业所急需的技能人才。

就这样，“笨鸟先飞”的姚亚超，一头扎进了专业知识里。白天他认真上课，下课就往生产车间里扎，在动手“实践”中锻造技艺。勤学苦练的姚亚超，很快就在专业领域里脱颖而出。从 2008 年开始，他连续两年代表学校参加河南省数控大赛并获省级二等奖、一等奖，2010 年 9 月，他作为河南省参赛代表参加了在天津举办的全国数控大赛并获奖。这次比赛云集了全国各地的技能人才，大赛获奖选手更是成为企业争相聘用的热门人才，姚亚超获奖后被火箭院天津航天长征火箭制造有限公司“一眼相中”，从此与火箭结下了不解之缘，成为一名航天人。

从到数控车间的第一天起，姚亚超就下定了航天报国的决心，做最好的铣工，造世界一流的火箭。然而，第一次动“刀”时他却迟疑了。原来，车间里一块原料板材就价值十多万元，心存犹豫下刀就慢，有一次他用了 8 个小时才走完第一刀，同事们便开玩笑地称他为姚“一刀”。总被这么叫着，

姚亚超

姚亚超的心里很不是滋味。他憋着一股不服输的劲儿，白天努力工作，晚上加班练习，哪怕休息日也是在宿舍里“啃”书本，不断钻研数控知识，抓住一切机会苦练内功。数百个日夜的孜孜以求，这种对“匠工”的执着和专注，让姚亚超迅速脱颖而出，成为车间名副其实的“第一刀”。从那以后，车间每来一批新活儿，都是姚亚超干第一件，给同事们“打样”。

匠心造箭，做工匠精神的传承者

厚积薄发，精益求精。因为对数控加工技术的热爱，在生产任务满足之余，姚亚超钻研技术，突破自我；在提高技能、磨炼意志的同时，他也更加理解了“匠心”的可贵，更坚定地追求“工匠精神”，他的“超”能力也开始突飞猛进。

2011 年，姚亚超所在的车间接到了一项艰巨的任务，为新一代运载火箭长征五号贮箱加工壁板。这种壁板长 5 米，宽 3 米，厚度只有 20 毫米，最薄的地方要加工到 1.8 毫米，相当于 6 个鸡蛋壳的厚度，这在全国是首次，面积厚度比达到了惊人的 8300000：1，是一张 A4 纸的面积厚度比的 13 倍。由于贮箱壁板面积大，以往单面加工的方法，在焊接时壁板两侧受力不均，容易出现开裂，成品率低。姚亚超创新性提出双面铣切加工方案，增加焊接韧性和成品率，但这样一来，对于壁板两侧加工位置要准确对应，加工难度就翻了一倍，误差必须控制在 0.1 毫米以内。姚亚超主动扛下了这一重任，带领年轻的数控团队迎难而上，最终在国内首次攻克“双面铣切”加工难关。

在工作的 14 年里，姚亚超成长为数控加工一刀即成的技能牛人“姚一刀”，更是成为车间技术创新的带头人。在壁板工艺改进中，他创新螺旋刀轨加工方法，提升壁板网格加工效率 50%，获得院“合理化建议”一等奖；

研究赶压、拉紧、仿形复合装夹与补偿加工相结合的创新方法，解决了弯板贴胎间隙大、精度无法保证的加工瓶颈，提升弯板加工效率30%；带领团队通过竖直吊装、余区试切、深腔铣削、路径规划研究，攻克了新一代载人运载火箭超高筋壁板精密数控加工难题；带领团队研究航天系统首台套翻板铣卧式铣削加工工艺技术方法，使壁板铣削方式由立式加工变卧式加工，从设备论证、精度确认、切削试验、产品加工等方面进行了验证，提出工艺改进20余项并实现工程应用，使贮箱壁板网格加工效率提升1.5倍以上。

姚亚超还带领团队参与了以天津市科技计划项目为代表的5项课题，多次解决生产加工难题。以“姚亚超劳模创新工作室”和“工匠人才创新工作室”两个工作室为依托，他带领班组整体提升，打造出“一刀成”班组，为天津市高技能人才队伍注入活力，为公司全面建设成为世界一流运载火箭产业基地，为推动航天强国建设谱写出辉煌篇章。

姚亚超在加工零件

逐梦航天，我的征途是星辰大海

14 年工作过去了，除了工作，姚亚超业余时间仍然把全部时间花在钻研数控加工技术上。他常说，作为一名数控铣工，找准定位才是关键，扎根一线才是不断追求的方向，在不断提高自身技能的同时，在技术创新、工艺升级改进等方面不断学习提升，挖掘制造潜能，为持续推进机加车间智能化、数字化、自动化生产贡献力量，为全面建成世界一流运载火箭产业基地奋勇拼搏，助力以载人航天、探月探火、空间站建造为代表的国家重大航天工程建设。

2024 年 6 月 17 日，中共天津市委人才工作领导小组主办的“海河工匠”成果报告会在天津市机电工艺技师学院隆重召开，姚亚超成功入选天津市第五届“海河工匠”并上台分享其技能成长、技能成才的经历。

“海河工匠”是奖励天津市技能人才的最高荣誉，在姚亚超看来不仅是一份荣耀，更是沉甸甸的责任。姚亚超立志将继续发挥自己的能力所长，在推动航天制造技术革新上贡献力量，并且通过自己的榜样作用，激励更多员工勇往直前、追求卓越，为实现中华民族伟大复兴的中国梦而努力奋斗。

“每一次严谨的操作，每一个对精益求精的执着，每一个舍我其谁的担当，每一个冲锋在前的劲头，都是为了让中国国旗闪耀太空”，姚亚超用实际行动践行和弘扬了航天“三大精神”，将总书记对广大青年成长成才的期望与嘱托融入日常工作中，融入个人成长中，融入事业发展中，积极发挥青年表率作用，为建成航天强国书写出更加辉煌的青春篇章。

中国航天
CZ-7
强化使命担当

第二篇

青春担当　肩负使命

篇首语

青年兴则国家兴，中国发展要靠广大青年挺膺担当。

——习近平

青年有担当，是一个国家兴旺发达的希望所在。火箭青年肩负着强国强军的神圣使命，担当奉献、勇当先锋，是火箭青年应有的样子，也是刻在骨子里的鲜明特质。习近平总书记指出：“实现第二个百年奋斗目标也就是一两代人的事，我们正逢其时、不可辜负，要作出我们这一代的贡献。”这充分体现了党的领袖对人民、对民族、对历史的强烈担当，也饱含着对当代青年敢于担当的殷切期待。

有责任有担当，青春才会闪光。每当遇到急难险重新任务，总能看到一个个青春担当的身影，他们挑重担、涉险滩、啃硬骨，在艰苦创业中摸爬滚打，在重大任务中冲锋陷阵，在科技攻关中奋力攀登，在市场开拓中披荆斩棘，在改革发展中攻坚克难，在疫情防控中逆风前行，在服务保障中传递温暖，在奉献社会中展现作为，用青春的臂膀扛起如山的责任，展现出不退缩、不畏难、扛得起、顶得住的青春担当。

担当需要态度决心，更需要过硬本领。态度决心就是面对任务不推诿，面对困难不退却，面对矛盾不回避，面对挫折不放弃，永远保持无私的品格和无畏的勇气。过硬本领就是洞察大势不迷茫，把握机遇不犹豫，攻坚克难不松懈，解决问题不畏惧，始终做到挺起脊梁、冲锋在前，坚决扛起青春的责任和使命。

时代呼唤担当，民族复兴是青年的责任。航天强国建设的故事，从来都是艰辛甚至残酷的。中华民族伟大复兴，绝不是轻轻松松、敲锣打鼓就能实现的。当前，世界百年未有之大变局加速演进，中华民族伟大复兴进入关键时期，作为维护国家战略安全的主力军，我们面临的重大挑战、重大风险、重大阻力、重大矛盾明显增多，承担的使命更加艰巨，责任更加重大。面对前进道路上风高浪急甚至惊涛骇浪的重大考验，尤其需要火箭青年敢想、敢做、敢创新、敢负责，发扬担当精神、增强担当意识，做到想干事、能干事、干成事。只有青年勇克难关、勇斗风险，在航天事业发展最需要的时刻冲得出来、顶得上去，航天事业才能充满活力、充满后劲、充满希望。

新时代迎来新机遇，新时代赋予新使命，新时代需要新担当。火箭青年是担当航天强国重任的中坚力量，要保持初生牛犊不怕虎、越是艰险越向前的刚健勇毅，强化使命担当、勇挑时代重担，在航天事业最需要的地方，主动担苦、担难、担重、担险，不断增强担当的意志和韧劲，提高担当的能力和本领，勇当实现航天强国的主力军和突击队。

为航天智能搭建逐梦舞台

吴志壕，出生于1995年9月，硕士研究生毕业后，入职火箭院研究发展中心，主要从事航天智能共性平台架构设计和智能训练与测评技术工作。获全国优胜奖1项，院科技进步奖一等奖2项，授权专利2项。

步入火箭院的吴志壕，心中充满了对航天事业的热爱和执着，用自己的专业技能，不断攻克技术难题；身处火箭院研究发展中心的吴志壕，主动扛起引领航天智能化发展重任，加快人工智能技术集成应用。他坚持创新务实的奋进之路，始终坚持在一线从事航天智能开发工作，解决各类“疑难杂症”；他坚信智能之火，终将燎原，将持续为航天智能化应用搭建舞台。

不舍昼夜中拥抱未来

2020 年，刚刚从校园走到职场的吴志壕以为会有一段较为轻松的学习转换过程，没想到到达北京的第一天就被拉入了某智能演示验证项目，紧锣密鼓的工作安排和不能推掉的节点要求让他压力倍增，同时也是这个项目开启了他航天智能化的演进道路。

在项目中吴志壕负责“决胜千里”智能博弈推演平台的开发工作，为智能算法的训练与生成提供基础环境，在节点的压力下，他最先想到的是加班加点、投入更多的精力快速提高自己，推进研究进度。刚入职的他经常每周工作6~7天，每天工作16个小时以上。他的舍友陈克钦说：“刚刚入职的第一天回到宿舍，发现到晚上12点还没有见到舍友回来，以为这个宿舍只安排了一个人，直到凌晨3点钟门突然打开了，才知道还有一个舍友。”

在项目研制期间，吴志壕购买了折叠床，终日泡在仿真楼里开发和调试“决胜千里”平台。他自己曾笑着和同事说，仿真楼办公区200多平方米，天天待在千万级的地方工作已经很知足了。

“决胜千里”平台是航天智能算法研制的基础平台，既要支撑算法训练

吴志壕

又要支撑算法集成与验证，因此在本项目的研制过程中，全程都能看到他的身影。他自己说，即使晚上调程序调得再晚，有时候节点也很难保住，这个项目更是一场精神的挑战，他们时刻在与时间赛跑，每一秒都很重要。在这样的压力下，他逐渐学会了在压力下保持冷静，在困难中寻找解决方案，在紧张的工作中保持高效率，这个过程虽然艰辛，但是让他的专业技能和职业素养得到了极大的提升。

同年 8 月中旬，吴志壕担任起中心组织的第二届“弈起进化”劳动竞赛平台的负责人，基于“决胜千里”平台构建智能对抗的基础环境，为院内外单位提供智能水平展示的舞台。在开展这项工作过程中，由于白天也有很多其他业务工作以及晚上调试各家单位反馈的技术问题，吴志壕经常半夜 3 点多还在群里更新软件系统和解答技术问题，因此又被院内外单位戏称为“凌晨三点半的吴老师”。

创新征途上一往无前

2021 年，吴志壕继续负责“决胜千里”平台 2.3 版本、2.4 版本等多个版本的架构设计与功能开发，丰富了系统功能，这些成果得到了多个用户的认可，支撑了多个重点、重大项目的立项与攻关。这段“自主开发追逐梦想，艰苦开疆永不言弃”的开发历程践行了航天“特别能吃苦、特别能战斗、特别能攻关、特别能奉献”的伟大精神。

为了让“决胜千里”平台有新的进展，吴志壕重新审视了一下自己的工作和专业素养，主动参加浙江大学灰犀牛培训。在培训期间，他自学了多智能体强化学习及对应的数学理论，搜集并跟进国内外人工智能技术的发展现状，与阿里、百度、华为等公司开展深入交流，对智能水平评估和智能算法训练等方面有了全新的认知，并斩获“优秀学员”称号。

训练后，吴志壕将云计算等技术引入“决胜千里”平台的训练与测评过程，大幅度提高训练和测评效率，并提出以“决胜千里”平台的核心，构建围绕航天智能的训练、测评、部署与验证工具链的想法，得到室内认可后，吴志壕便开始开展为期一年的“决胜千里”3.0 架构设计。

面向智能、航天、仿真、软件等多学科耦合难题，“决胜千里”3.0 开发过程中遭遇了很大挑战，吴志壕从不言弃，边学边干，不会的就查文献，缺少的知识就连夜自学，就连吃饭的时候都在沉思项目的关键症结。在面对棘手的问题时，他是团队的“定海神针”，总能一针见血地指出问题所在，并鼓励大家不畏艰难，昂扬奋进。“困难之所以是困难，就是因为我们目前的认识或者思考还不充分，有的时候关键的灵感就在某一个拐角等着我们，如果我们相信总有办法解决，那我们就会多踏出这关键的一步”，正是凭借着这股敢想敢干的雄心壮志，这股韧劲儿，吴志壕连续突破了数个关键开发难点，“决胜千里”平台 3.0 于 2023 年中旬完成原型的搭建，这些成果成功应用于某重大项目中，助力项目的比测优胜。

智能舞台律动艺术乐章

心怀华夏千里江山，远眺智能绚烂霞光。在研究和创新过程中，他没有将项目和工作视作孤立的音符，而是将它们视作蕴含着和谐规律的乐章。

作为中心的科研创新人才，他受邀参加新员工培训会。在分享会上，他回望自己一路以来的科研历程，真诚地向新员工们分享经验。从一线的代码编写，到总体的协调沟通，他贪婪地学习新知，也在时刻觉察着每天的所失所得，不断总结工作和科研经验。苟日新，日日新，又日新。他认为，新时代青年的成长就如同智能网络中的强化学习，既要找到与人生理想的“误差函数”，时刻瞄准祖国和人民的需要，也要不断反省在“打怪升级”路上的经历与感受，根据反馈的“奖励值”改进工作方法。将成长经历化为养料，他厚积薄发，在项目经历中不断淬炼，从一名青涩少年成长为指挥若定、攻坚克难的航天智能“老将”。

除了“咬定青山不放松”的坚定与执着外，他也有着曲径通幽的柔和与细腻。有“壕哥”在，研发团队的同事们如同吃下了定心丸。在帮助同事排解困难时，在细致入微地分析之外，他循着同事的思路去看待问题，耐心帮助同事理清思路中的阻塞之处，真正拨云见日。

雄关漫道真如铁，而今迈步从头越。在入职的短短几年里，吴志壕凭借着一腔滚烫的热爱，凭借着为国为民的初心与梦想，凭借着“狭路相逢勇者胜”的坚韧与信念，展现了新时代航天青年书写的璀璨华章。

草稿纸堆中成长起来的设计师

张烽，出生于1985年4月，博士研究生毕业后，入职火箭院研究发展中心，主要从事航天运输系统控制技术研究工作，获评集团公司和院两级青年拔尖人才，作为第一作者发表论文近40篇，出版专著两部，授权专利24项。

一张整洁的桌面上，堆放着一沓又一沓草稿纸，草稿纸上面写满密密麻麻的公式。像这样的草稿纸，在火箭院研究发展中心张烽的办公桌下面还有许多箱。他在草稿纸上的演算助力了新型飞行器成型和机械臂的精准控制，创新出的新技术方法不断提升着飞行器可靠性……无数次的演算与思考，让他成为同事们口中“草稿纸堆中成长起来的设计师”。

反复推演　搭建新型飞行器控制系统框架体系

2013 年，博士毕业的张烽进入火箭院研究发展中心，从事飞行器控制系统设计工作。张烽接手的第一个产品便是刚立项的新型技术验证飞行器，该飞行器所验证的技术对保护航天器在轨道上的安全运行具有重要意义。

面对室里的信任，作为新人的张烽怀着敬畏之心接下了工作任务。但拿到项目需求后，张烽发现自己在学校所学的知识经验与实际的工程应用还有很大差距，上学时候研究的是单体系统，而现在面对的是多体系统，沿用原来的设计分析方法，复杂度与计算量将成倍上升，所以原有的设计与分析体系不再适用了。认识到了这一点，为了尽快胜任工作，他拿出了读博时的研究劲头，扎进了“多体系统”这个新领域。为了快速形成新领域的研究体系，摸清现有的设计方法，他一有机会便会在浩如烟海的外网文献库中查阅资料。“那时候，无论是方法、公式、还是参数，甚至是只言片语的设计方法评述，只要是对这类新型飞行器系统设计有用的信息，我都会记录在草稿纸上，以备不时之需。”张烽说道，在积累信息的过程中，他获得了许多知识与灵感。

虽然大量的计算工作可以由计算机完成，但是在动力学建模、数学问题等价变换、控制方法设计与分析时，免不了大量的推演。为了完善飞行器上关键载荷的运动细节，张烽不断在草稿纸上推导演算数学公式与物理公

张烽

式，“我喜欢在草稿纸上推演公式，这种边写边思考的方式，会让我沉静下来，很多灵感就是在草稿上写写画画时找到的。”张烽说道。有时，同事们也会质疑“现在很多软件都能进行数学的自动推导了，又快又准，哪还用得着手推公式”，张烽不作争辩，只是笑笑并打趣回应道：“手推的公式有灵魂。”

历经一年半的辛勤付出，张烽在不断钻研和前辈们的帮助下，完善了新型飞行器多体载荷操作流程的所有控制细节，在 2016 年 6 月 25 日，新型飞行器随长征七号运载火箭顺利飞向太空，并按照预定的目标完美地执行了所有控制任务。

主动思考　自研建模方法开创领域先河

经过新型飞行器的项目经历，张烽对空间多体系统建模与控制技术产生了浓厚的兴趣。在新型飞行器的研制过程中，他发现在这一领域存在两大主流方法：牛顿-欧拉法和拉格朗日方法，但是这两种方法在实际操作中各有利弊。“能不能从根本上将两者进行融合呢？”张烽抱着这样的想法开始了新的研究。

在不影响日常科研任务的前提下，张烽又投入海量的数学推导与演算中，“在草稿纸上将公式都写出来，从最基础的理论入手不断思考，尝试着从公式中梳理出逻辑，不知不觉中，我竟用了几大箱的草稿纸。”

从 2017 年至 2019 年，张烽经历了“尝试—失败—再尝试”的无数次迭代，屡败屡战，终于有一次在草稿纸上推演的时候，凭借多年来理论研究积累的数学直觉，发现了多体动力学模型中两个关键矢量的特殊结构，并据此发展了伴随向量扩维匹配分解技术，原创了保反对称特性解析动力学建模理论，实现了两大主流方法优势的有机融合。这个理论方法的提出不仅是张烽自我的学术突破，也是在国内外都没有成熟理论体系的基础上，解决了多体系统高阶精细建模与显式控制设计无法兼顾的理论瓶颈，开创了该领域的先河，研究成果后来被刊登在国际控制领域排名第一的 SCI 期刊上。一张张草稿纸堆叠，张烽硬是从困难重重的荆棘丛中，一笔一笔地种出了理论之花。

埋头苦算 助力新项目从概念变蓝图

与新型飞行器并行的还有许多项研发项目，其中有一项让张烽印象深刻：2014 年，研究发展中心提出了一个“新概念”项目，不同于传统的运载器，这个新概念飞行器具有刚、柔、电磁等多种特性，动力学特性和控制设计异常复杂，但张烽和同事们义无反顾地接手并展开了“可能性”与“成熟度”论证。

延续一贯的习惯，张烽使用草稿纸不停论证公式，为证明自己的想法与理论正确，他时常与同事在草稿纸上“各执一词”。后来发现，动力学建模和控制设计都无误，但由于动力学模型涉及多个大规模数据库，仿真计算需要大量时间，草稿纸已不能满足计算需求。

为加快计算时间、加大计算量，张烽一度将办公室电脑的运算载荷开至最大，但由于长期高负荷工作，电脑硬盘直接被烧坏了，电脑一度“罢工”。张烽无奈地笑笑，“电脑在报修后还需要一段时间维修，在这段时间内，为了不耽误试验进度，我就继续使用草稿纸对动力学模型和控制算法进行等价推演，试图利用数学手段降低仿真计算复杂度。”由于长时间在草稿纸上计算，张烽右手小拇指竟磨出了一层茧子。

经过长期计算和无数次试验，“新概念”项目的蓝图终于绘就，项目研究与验证进展成功达到预期，并在2019年获得了中国发明展览会项目金奖。

苏轼有云“犯其至难而图其至远”，意思是说“向最难之处攻坚，追求最远大的目标”。张烽就是这样的人，内心饱含着对祖国航天事业的追求与热爱，持续在工作岗位上奋力拼搏着。

好事尽从难处得　青年无向易中轻

“天巽”工业软件团队隶属于火箭院总体设计部，是一支勇于担当、敢打硬仗的软件研发队伍，围绕型号气动力热总体设计问题研发仿真软件工具。团队由总体设计部专业副首席高波牵头，成员二十余人，其中骨干研发人员四人，团队研发的软件已在多型装备及运载火箭设计中应用。

以工业软件为代表的关键技术已经成为外部势力遏制我国实现高水平科技自立自强的重要手段之一，实施大型工业软件自主研发对推动航天领域高质量发展具有重要意义。总体设计部发挥“系统思维能力强、自主研发经验多、航天应用场景全、专业体系覆盖广”的组织优势，以航天装备研制过程中的多物理场气动仿真为应用场景，组建“天巽”工业软件研发团队。团队由总体设计部气水动专业副首席高波牵头，成员二十余人，其中骨干研发人员四人，均为计算流体力学方向博士。团队始终以服务型号为中心，将软件与型号实际需求高度融合，在实现分层、多视图软件架构设计的基础上，采用敏捷迭代开发的方式，成功研发具有航天特色的多刚体运动流场仿真、高保真可压缩湍流仿真、高温化学非平衡气体仿真等仿真模块，充分发挥青年主力军的积极作用。

迎难创新，为新一代固体运载火箭研制赋能

2021年3月，为应对激烈的商业市场竞争，满足日益旺盛的中低轨卫星发射需求，捷龙三号运载火箭获集团公司立项批复。该型固体运载火箭研制遵循纯商业模式和技术经济一体化方式，突破了多项关键技术，仅历时20个月就完成研制，刷新了火箭院研制速度纪录，成为商业火箭研制模式创新的典范。

该型号火箭具有研制周期短、技术难度大、研制模式新等典型特征，其主要难点之一是找到成本、效率和质量的平衡。按照传统的运载火箭研制流程，从方案设计阶段到工程研制阶段飞行试验一般需要经过数年时间，无法满足捷龙三号20个月的研制周期要求，不符合商业火箭研制理念。

型号队伍创新模式，以仿真数字试验大量代替实物试验，实现由传统的策划、生产、实物试验向“仿真试验+最小化实物验证”转变。“天巽”团

等待点火起飞的捷龙三号火箭

队系统谋划、精诚团结，充分发挥了青年大胆创新的理念和勇闯难关的意志，有力支撑了型号全面取消风洞试验的创新尝试。

在与时间赛跑的攻关中，“天巽”团队也曾遇到困境。面对大头颈比整流罩构型诱发的抖振风险，团队通过仿真对全箭脉动压力与外噪声进行预示，时任工程组副组长姚瑶在仔细阅读计算报告后认为“当前的仿真思路恐怕不行，以往型号仿真与试验对比表明，现有模型的预示偏差太大，关键物理现象表现得不够明显”。商业软件与开源软件在火箭跨声速脉动压力计算上的不良表现，促使团队重新审视了任务的复杂性和挑战性。难以突破软件底层模型的局限性，如何提高对关键物理现象的再现能力，给设计师们带来了极大的困扰和挑战。“能否找到一套工程适用的仿真分析方法”成为团队全员紧张思考的问题。

“在仿真技术与型号数据的积累上，我们有着深厚的技术和丰富的经验。即使面对以往难以精准仿真的复杂问题，我们也能充分利用历史型号数据，对仿真模型进行深度优化。自研软件在这方面展现了显著优势，我们应保持坚定的信心，立足于过去的成功经验，积极探索和创新，相信通过团队共同努力，很快会有突破。”团队负责人高波副主任为团队指明了前进方向，团队开始尝试将高精度数值格式、高保真度湍流模型与以往型号的脉动压力风洞试验数据融合，形成适用于工程验证的脉动压力数值风洞仿真技术。

“回公寓还是耽误事儿，那会儿就睡在办公电脑桌底下。”说到仿真分析方法攻关过程，奋战在一线的团队人员总是能想起一些有趣的经历，“人得休息，但超算不能休息，夜里看到算例还在正常跑才睡得踏实，天亮从气垫床爬起来就能看到仿真结果，也挺方便。”谈及模型修正工作，软件架构师吴万同认为光靠努力还不够，还得有一些运气成分，这些运气来源于工程组设计师的经验与直觉，“任务周期很紧张，来不及系统性开展参数敏感性分析和模型选取，需要一定程度上依赖设计师对物理问题本质的理解和对仿真计算偏差的认识。”最终在有限次优化迭代后，团队得到了良好的仿真结果。“看到仿真数据与型号历史试验偏差不到百分之五，很惊喜，又有点意外。”回想起那段经历，团队主任设计师沈治依旧有些感慨，“方差类数据很难仿准，一个月前还在探讨数值模拟手段的可行性，现在已经研发出精准可靠的仿真模块了。”

型号队伍将“天巽”仿真软件的数据作为制定火箭跨声速力、热环境的参考依据，经遥测数据校核，仿真偏差不超过15%，有效降低了型号首飞风险，为保障飞行试验圆满成功发挥了积极作用。

集智攻关，为型号复杂应用场景提供理论支撑

在装备性能水平提升等总体设计要素牵引下，新一代型号面临更加复杂的应用场景，带来更难预示的多物理场耦合问题。“天巽”团队珍惜每一次型号历练机会，迎接挑战，争当攻关排头兵。

“我们得验证下频率特性，确保分离方案的可靠性。”面对某型装备研制中的技术风险，研发团队深知问题复杂性，一方面需要精细刻画分插支架、分离钢索等级间结构在内外流耦合冲击作用下的频率特性，另一方面需要准确预示复杂机构约束下多片结构的气动分离规律。这两方面的需求，对软件的多物理场耦合仿真能力而言无疑是一项严峻的考验。“网格重构方面的技术瓶颈找到了。”在夜以继日的代码排查后，沈治终于定位了影响仿真效率的症结，“先用以往型号试验数据做下校核验证，再进行实际应用。”在大家共同努力下，团队配合型号队伍验证了分离方案可靠性，并评估了复杂级

间分离问题的天地差异，及时化解了飞行试验风险。

面对型号研制牵引出的全新问题，“天巽”团队也需要激烈的讨论来明确仿真有效性。“最大动压工况的瞬态仿真和定常仿真结果差别很大，激波振荡导致结构表面产生了剧烈压力变化，咱们有以往型号试验能佐证吗？”团队技术人员一时间陷入沉思，确实没有以往型号试验能够支撑该结论。“需要做一下数值格式验证，确保激波振荡不是数值振荡诱发的”“应该提取下流场变量，通过时序看下大涡模拟是否统计收敛”，激烈的讨论带来了多元化的见解，在逐条落实后，团队一致坚持仿真结论的有效性。三个月过去后，团队收到了型号队伍从前方传来振奋人心的消息，“地面试验证实了我们的仿真结论。”吴万同放下电话后，将好消息带给了团队，“火箭底部结构优化改变了流场激波位置，不但有效降低了热流密度，同时抑制了压力振荡。”仿真与试验的相互验证，在深秋夜晚为几个仿真人带来浓浓的暖意，“天巽”团队一如既往地努力前行。

山河为证，自主研发之路越走越宽

“天巽”软件作为自主研发工业软件的典范，映射出总体设计部在工业软件研发领域的卓越成就和无限潜力。

面对新时代、新形势、新挑战，“天巽”团队成员深刻领悟“庭院跑不出千里马，温室长不出万年松”的道理，正确面对批评和质疑，在保质保量完成本职工作的基础上，勇于涉险滩、进窄门、见微光，在为国铸剑的历练中，将个人价值和祖国重大需求紧密连接在一起，厚植以国为重的家国情怀，坚持大局包容的系统观念，追求创新变革的时代精神，在国防科技领域继续默默奉献。

含泪奔跑　逐光而行

相控阵天馈研制团队来自火箭院北京航天长征飞行器研究所，是一支由15名设计师组成的年轻团队，35岁以下青年超过了70%，副高级职称以上人员占40%。团队专业领域涵盖天馈、微波电路、数字电路、电源、结构、数字信号处理等，主要研究领域为某平台相控阵天馈。团队勇挑重担，集智攻关，克服了产品技术难度大、开发周期短、可借鉴经验匮乏等困难，突破相控阵天馈关键技术，研制了某平台数据链相控阵天馈并应用于某项目，创造了可观的经济效益。获得2023年度院科学技术进步奖二等奖、2022年度所突出贡献团队等荣誉。

在澎湃的科技浪潮中，某平台数据链技术迅猛发展，其中平台间数据链相控阵天馈是数据链通信的关键技术。为了掌握这一关键技术，北京航天长征飞行器研究所精挑细选，组建了一支以青年为主体、专业跨度广泛的相控阵天馈研制团队。这支团队以青春为帆、智慧为舵，在无前例可循的征途上含泪奔跑，他们凭着无畏的勇气和不懈的努力，一一攻克了技术难关，成功研制了所内首个平台间数据链相控阵天馈。

踔厉奋发、迎难而上，迈出研制第一步

在所某平台提出配套数据链相控阵天馈研制需求之时，全所上下深知相控阵

天馈研制的意义与价值。由于相控阵天馈产品非常复杂，涉及多个技术领域，很多方面几乎是从零开始，这无疑给项目研制带来了巨大挑战。面对前所未有的技术难题，业务骨干们没有丝毫退缩，反而像勇士一般挺身而出，充分发挥了先锋模范带头作用，迅速组建了一支由各班组精兵强将组成的研制队伍。

团队成员虽然聚齐了，可大家对数据链相控阵天馈技术的了解与认知还不够充分。接下来大家要做什么、怎么做，成为了摆在团队面前的最大难点。一时间研制队伍感觉千头万绪，无从发力。经过数次讨论，在研制团队一筹莫展之际，有着十几年天馈设计经验的团队负责人及时站了出来，对大家说道：“咱们不妨采取抓住主要矛盾和矛盾主要方面的研制思路，相控阵天馈的主要矛盾是相控，主要设计难点就是阵列天线和波束控制。”该想法如同破晓的第一缕阳光，穿透了团队的迷茫与困惑。最终在大家的一致认可下，研制团队明确了主要矛盾和主要设计难点，确立了集中攻关的方向。

团队成员在进行电路硬件调试

研制团队在技术攻关中从相控阵天馈的原理入手，分工明确、节点清晰，一步一个脚印，全力以赴、加班加点地开展各项设计工作，迈出了相控阵天馈研制的第一步。虽然这一步看似简单，但背后却凝聚了整个团队的智慧与汗水。

各司其职、艰苦奋斗，功夫不负有心人

在阵列天线的技术征途中，攻关小组心往一处想，劲往一处使，他们以饱满的热情投身于从文献研究到仿真模拟，再到整机设计与校准优化的每一个细节中。头脑风暴中，专业智慧交织碰撞，为天线设计筑起坚实基石。面对挑战，他们不懈复盘，精益求精，终于跨越了超宽带技术的难关。

在波控模块技术攻关中，面临着进度异常紧张、技术状态复杂多变的多重压力，攻关小组深刻认识到航天人的使命与担当，采用自顶向下、逐步求精的方法，将前期储备的数传通信处理平台技术成果积极转化成为工程应用。到了技术攻关的关键阶段，攻关小组组长为了按节点完成攻关计划，进入超常工作模式，与团队一起连轴调试；时节正值冬季，大家面对冰凉的设备，内心却热情如火、激情满满，攻关小组经过不断尝试与迭代，先后攻克了波控组件中的一系列技术难题，掌握了复杂通信算法实现等技术。

就这样，研制团队仅用半年时间就完成了原理样机的研制和测试，实现了相控阵天馈由样机向工程应用的转化。团队成员们经历了原理样机的研制，除奉献和付出外更多的是收获了经验和成长，以及一群志同道合的伙伴，在彼此的思维火花碰撞之中，不断发掘出了团队的潜能。原理样机的研制成功不仅源于团队的奋斗，也源于每个队员内心的成长。他们以实际行动诠释了航天精神，用青春与汗水书写了属于自己的辉煌篇章。

大力协同、一丝不苟，技术验证终成功

在相控阵天馈进入工程研制阶段后，针对总体应用的功能需求，队员们继续拼搏攻坚，可突如其来的疫情打乱了团队的节奏，如何兼顾疫情防控与研制生产成了队员们亟待解决的问题。在关键时刻，很多队员们都选择了驻守单位，将办公室变成了临时的家。日日夜夜，他们与星辰为伴，与时间赛跑。工位旁的小憩，是他们疲惫中的慰藉；脑海中的仿真优化，是他们不懈的追求。从关键技术攻关到测试细节梳理，从外协单位协调到产品性能提升，每一步都凝聚着他们的汗水与智慧。

居家办公的队员虽然人不在单位，但心一直扑在产品上。大家分工明确，

团队成员在讨论技术方案

有人研究模块原理及实现方案，有人梳理模块元器件清单。大家面对复杂繁琐的问题始终保持冷静的心态，有条不紊地分析总结，并做好时间规划，保证产品生产能够按部就班地进行。就这样，在队员们的齐心协力下，不断完成产品软件的迭代。

队员们协同补位，克服了时间紧、任务重、设计难度大等重重困难，相继完成了多项关键技术攻关，解决了项目应用中其他研制单位尚未解决的技术难题。结合工程应用要求，队员们能够坚持严慎细实，严把质量关，不放过测试调试的每一个问题细节；紧抓测试覆盖性，确保每个指标都有数据支撑和回答；开展摸边探底，数据包络，明确每一个指标的底线。

功夫不负有心人。2023 年年初传来喜报，数据链相控阵天馈随两个平台完成了验证，产品全过程均工作正常。用户方在第一时间对相控阵天馈研制团队表达了敬意与感谢。队员间彼此感慨道："虽然咱们过程那么苦，可以说是含泪奔跑、向死而生了，但如今再累也值了。"

回顾相控阵天馈整个研制过程，团队完成多项关键技术攻关，突破多项技术难题，产品也从样机逐步变为功能完备的正式产品。当一台台正式产品交付的那一刻，团队成员完成了一次历练、一次蜕变，也感染了身边的其他同志，进一步提升了大家的团队意志和拼搏精神。

科技探索永无止境，逐梦之路永不停歇。相控阵天馈研制团队的成员们潜心深入研究，韧性战斗，终有所成。他们在科研生产中迎难而上、奋勇拼搏，体现出新时代航天人勇挑重担、敢于担当的精神，为保质保量地完成相控阵天馈科研生产任务贡献了自己的青春力量，让青春在奋斗中闪光！

用航天品质铸造国产雪车

国产雪车团队来自火箭院北京航天材料及工艺研究所，是一支在关键时刻能顶得上、扛得住的航天青年团队，团队主要从事航天结构复合材料技术研究。面对国外的技术封锁，团队克服了研制基础薄弱等困难，突破了新材料、新工艺等多项关键技术，将先进可靠的航天材料技术成功应用到冬奥装备研发上，有力保障了装备的高性能和高质量，不仅彰显了航天技术创新的科研实力，同时也体现了航天企业的社会责任担当。

时间紧迫、任务艰巨，勇挑重担是他们攻坚克难的精神底色；从无到有、从有到优，创新突破是他们不断前行的动力源泉。火箭院航天材料及工艺研究所国产雪车团队突破冰雪运动装备的“卡脖子”技术，填补国内空白，打破国际垄断，以青春奋斗走出了国产雪车研制的铿锵步伐。

定下目标开启“破冰”之战

长久以来，雪车在我国属于小众运动项目，其中一个重要的原因就是我们无法制造比赛专用的雪车。2016 年，中国正式成立雪车队。队员们最初借雪车参赛，后来购买国外的市场化产品。相较于使用定制雪车的欧美强队，中国雪车队想在赛场占据优势十分被动。

“为中国雪车队量身打造国产雪车迫在眉睫！”作为我国先进的复合材

料研发基地，火箭院航天材料及工艺研究所决定参与国产雪车研制，并将目光瞄向了车身为碳纤维复合材料的雪车。2019 年，国家科技部发布了第二批科技冬奥科研项目的申报指南，其中就包括雪车装备的研发制造。火箭院航天材料及工艺研究所以此为契机，牵头成立了专项工作组，立志要突破冰雪运动装备的“卡脖子”技术，让中国的雪车队用上国产雪车！

参照航天型号产品的研制，雪车项目团队实施“两总制”，由总指挥协调保障资源配置与总体进度，总设计师把关技术。总体、气动、结构、控制、材料与工艺、生产，中国航天科研生产战线上的精干力量共 6 个小组、100 余人，开启了一场冰雪运动的“破冰”之战。

揭开面纱从“无”到“有”

2020 年 5 月，国外一台即将退役的雪车被拉到了火箭院航天材料及工艺研究所。一时间，雪车项目团队各个小组的负责人都赶来“围观”。设计、材料、工艺……大家在一层层的“解剖”中尽最大努力去吃透技术细节。经过一个通宵的忙碌，大家觉得“心里有底了”。

“雪车长什么样？”“雪车需要具备怎样的功能？”……起初，对雪车的不熟悉是雪车项目团队研制中面临的最大挑战。当时，中国雪车队因为出国训练参赛，全部的雪车装备都寄存在国外，同时位于北京延庆的国家雪车雪橇中心尚未完工，因而国内找不出一台合格的参赛雪车。也正因此，火箭院航天材料及工艺研究所费尽周折从国外引进的这台雪车成了唯一的实物参考。

“做中国人自己的雪车，就要拿出铸重器的决心与气魄。”团队成员达成共识。一番研究过后，团队成员在满足雪车国际规范的前提下，又针对性地提出了更高的技术指标。在“跨界”挑战中，团队完成了雪车气动外形设计与优化，将新型碳纤维复合材料用于车体制造，并采用了结构整体成型的新工艺。

高安全、低风阻、适应日常训练及比赛的温度变化……伴随一项项新技术、新工艺的突破，2021 年 1 月，第一代国产雪车研制成型，揭开了神秘的面纱。经测试，其风阻系数较同类产品降低了 8%，将对提升比赛成绩发挥重要作用。

精益求精从“有”到“优”

第一代国产雪车得到了国家雪车队的肯定，同时，雪车项目团队也认识到：第一代国产雪车依然存在不足，必须加以改进。由“可用”到“好用”，团队成员整装再出发。安全可靠、人机操控、气动减阻……雪车项目团队朝着新的目标继续前行。

国产雪车团队

第二代国产雪车的研制中，火箭院航天材料及工艺研究所与中国第一汽车集团有限公司成立联合攻关组，研究所主要负责自主低风阻高可靠碳纤维车体及其他复合材料零部件的设计与制造。碳纤维复合材料强度高、质量轻、安全性高，能减轻冲击力，保护运动员的生命安全。雪车项目团队负责人毛科铸介绍，碳纤维复合材料预浸料的铺贴就像给手机“贴膜”一样，但是每根碳纤维单丝的直径只有头发丝直径的十分之一左右。根据比赛过程中雪车受力和承载的差异，车身的部位不同，铺贴的厚度也不一样，有的部位只需要铺贴十几层，有的部位则需要铺贴几十层。因此，要完成全车的铺贴困难重重。

都说航天事业是“万人一杆枪”，在攻关中，团队成员弘扬航天精神，心往一处想，劲往一处使，将技术难关全部一一攻克。铺贴、加热加压、固化成型……当第二代国产雪车的车体成型时，团队成员在深感不易时更深感自豪。

相较于第一代国产雪车，第二代国产雪车有了全链条、全方位的提升，在外形气动减阻的同时兼顾了人机操控尺寸，结构设计更精细，模具设计更合理，材料性能进一步提升，成型工艺进一步优化。

步履不停向着“更优”再出发

2023 年 11 月 27 日，在北京延庆国家雪车雪橇中心，第三代国产雪车样机正式进行试滑。当雪车样机在银白色的“雪游龙”赛道上飞驰而过，雪车项目团队成员满心欢喜，感慨万千。

奋斗不息，创新不止。在第三代国产雪车的研制过程中，历经多次材料试验比对，雪车项目团队选用了性能更高的碳纤维，采用增韧技术，制备出了高韧性、高抗冲的碳纤维复合材料，同时引入泡沫夹层结构，降低材料密度的同时保持了良好的结构强度。

从结构设计、材料选型到成型工艺，雪车项目团队不断精进。在交流研讨中把技术钻研得更深了，把方案推敲得更细了，也因此“炼”就了新一代国产雪车更轻质、更舒适、更安全的性能。相比第二代国产雪车，第三代国产雪车重量减少了 10 千克，风阻系数降低了 13%，整体性能优于国家队现役雪车，标志着中国雪车装备领域迎来了新的里程碑。

“让中国雪车队用上中国雪车”，这是雪车项目团队矢志追求的目标，是关注、热爱雪车运动的中国人的愿望。站在新起点上，火箭院航天材料及工艺研究所将锚定目标、加压奋进，为中国雪车驰骋赛场持续注入航天科技的力量。

后来居上的数控尖兵

王胜，出生于1995年6月生，中专毕业后，入职火箭院山西航天清华装备有限责任公司，主要从事数控车操作工工作。获全国技术能手，集团公司技能大赛一等奖，三晋技术能手，省赛优秀教练等荣誉。

王胜是火箭院山西航天清华装备有限责任公司数控车工，1995 年出生的他外表腼腆，看起来还像个刚出校门的学生。他喜欢琢磨数控车生产中的难题，平时不善言辞，但与别人交流数控车加工技术时特别活跃，他用自己独有的方式表达着对工作无比的热爱。

从落后一年到脱颖而出

2014 年，刚刚 19 岁的王胜从长治华北机电学校毕业之后，成为一名操作工人。但造化弄人，在学校学数控的他，进厂后却并没有被分配操作数控车床，而是操作起了普通车床。

干好本职工作的王胜，每当路过数控车床，看到工人师傅们站在数控车床前的专注神情，都会有一种冲动，恨不得立刻能够上手操作。成为一名数控车床技能高手的目标，一直在他心中不停萌发，他发现，自己是真心喜欢数控。

一年后，王胜主动申请调岗，希望成为一名数控操作工，经过考核，他顺利转岗。

为了把自己落后的一年时间补回来，只要有空，王胜就会抓紧时间学习《金属工艺学》《机械加工工艺》等理论知识，同时密切关注数控加工行业的最新动态，再利用闲暇时间，不断地向老师傅们请教经验。三年时间，王胜一步一个脚印，孜孜不倦地追赶着同事们的脚步，先后获得公司内数控技能比赛第十名，第七名，第五名，直至第一名，完成了从后学末进到脱颖而出的蜕变。

“我就像是蜗牛一样，一点点爬，只要从未停下过脚步，也就离目标越来越近。”王胜说。

从最后一名到一等奖

2019 年的集团公司技能大赛，对王胜来说，是一次难忘的成长经历。每当提到这次大赛，他总是感慨万千，“在进行前期训练的过程中，我是院里数控车四个选手中小考成绩最差的，尤其第二次小考成绩出来后压力特别大，特别没有自信……”王胜回忆起当时的情形，“看着其他选手努力的样子，我就在想，我现在在做什么？参加比赛的虽然是我一个人，但是我背后因为有单位和同事们的支持帮助才能有机会与这么多优秀的人才同台竞技，这是我学习成长的重要时刻。”

王胜迅速调整了自己的心态，按照规定步骤一步一步认认真真地进行训练，寻找自己的扣分原因，把每一个环节可能发生的问题都想得明明白白。

2个月的决赛前培训，王胜每天训练12个小时，除了吃饭和睡觉，满脑子都是数控加工。

决赛那天，当最终成绩揭晓时，王胜长长地出了一口气，一等奖！加工比赛产品用时5小时55分。要知道，2个月前，完成这件产品王胜要用掉12个小时。“现在想想，如果当时没把自己调整过来，也不会顺利完成后面的训练，更不会获得这样的好成绩。”王胜说。

从新兵到尖兵

近几年来，公司大力推进精益生产，王胜承担起多种产品的盘类、筒类等相关重要部件的10余项加工任务。在同事和老师傅的眼中，这个当初起点晚人一步的小伙子，已经从一个毛头新兵成长为一个合格的数控尖兵。

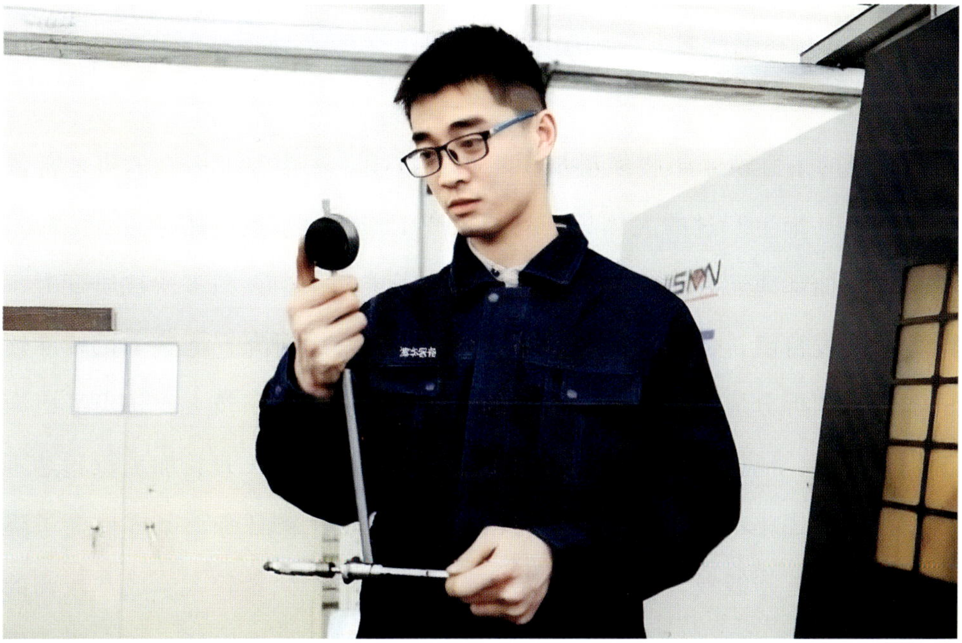

王胜

工作中王胜大胆创新，积极开展新技术的研究和拓展工作。针对孔加工难点，他自制机夹刀片“U 钻刀杆”，节约了刀具成本 20 多万元，代替了高速钢钻头，省去了刃磨时间，提高产品效率 30%，并在数控车生产中推广应用。

他自主设计制作了大螺距锯齿形内螺纹加工刀具，使该锯齿形内螺纹加工效率提升了 50%，降低了该零件对关键设备的依赖性。在加工某薄壁盘类零件时，他设计制作了增加刚性的工装，降低了工件在加工中的颤动，提高了刀具的使用寿命，加工效率提高了 30%，并使产品一次交验合格率达到 100%。

王胜作为主要负责人完成的“解决长度方向难测量尺寸方法”青年创新基金项目，使零件长度方向实现精准快速测量（精度达到 0.003 毫米），大幅提升了测量质量，被公司团委评为优秀项目并进行展示。

他使用数控车削中心对产品套筒类零件一次装夹完成车削加铣削的全部内容，节省了产品焊接、铣削工序的加工时间和产品多次装夹及产品周转时间，产品效率提高了 25%。

年轻的王胜从来不畏惧挑战、不怕担重担。一次，他所在的事业部承担了一个从未生产过的大体积产品的生产工作，由于生产任务急，工时定额低，其他师傅还在犹豫时，王胜主动站了出来，当方案多次被质疑时，他也怀疑过自己，但是他没有退缩，继续一门心思研究，把整个比较麻烦的加工难题拆分成一个个可以实现的小问题。由于体积较大，超出了机床的行程范围，他把产品分成两段加工，设计并自制加长刀具加工行程达不到的区域，优化走刀路径利于排屑，终于完成了生产任务。某零件为了降低成本，工艺路线设计为板料卷制后焊接代替原有余量较大、成本较高的棒料，随之而来的问题是壁厚薄、变形大，在两个端面保证总长和制成倒角时会出现振动和难定位的问题，原本这个产品是由镗床加工，当他知道镗床师傅因为这个生产任务犯难时，主动承担了该任务，研究自制可伸缩的工装，来补偿每个零件不同的变形量，同时增加产品刚性，在车床上完成了加工任务。当这种“出力不讨好”的事情越来越多时，他也会在别人的言语中彷徨，可在一次次克服难题后得到实实在在的成就感又会让他有了继续前行的勇气！

对于自己所取得的成绩，王胜说，“相比老师傅而言，在数控加工领域，我永远是一个新兵，在很多细节问题上还是做得不够好，但是我会继续学习，发现问题，解决问题，用我的技艺为航天事业作出更多的贡献。”

让我们的产品永远保持先进

冯克强，出生于1987年2月，硕士研究生毕业后，入职火箭院泰安航天特种车有限公司，主要从事总体设计工作。获院2019年青年拔尖人才，院2021年突出贡献人员，院科技进步奖二等奖，院合理化建议和技术改进奖三等奖，山东省机械工业科技进步技术奖三等奖，实用新型专利2项，国防发明专利1项。

奋斗是青春最亮丽的底色，行动是青年最有效的磨砺。在泰安航天特种车有限公司（以下简称泰航公司）有一名青年员工，他给自己定的工作目标是“让我们的产品永远保持先进”。

在工作中，他锚定目标始终保持着热情，用“闯”的勇气、“拼”的劲头、“实”的干劲，全身心投入特种车底盘的研发设计中，为特种车发展贡献着青春力量。他就是泰航公司总体设计部部长冯克强。

求知若渴，知识与技能是最大的底气

2023 年是冯克强来到泰航公司的第十个年头，在泰航这个大家庭中，他从一个职场新人成长为特种汽车研制和团队管理的一把好手。这是他勤学苦练、主动担当、勇于突破自己的结果，也是他锚定目标持续奋进的成就。

初入公司，冯克强在技术中心零部件设计部担任车身设计师，本以为可以轻车驾熟地应对岗位工作，却没想到，一开始就被特种车上的一个零件设计绊住了脚。

第一次将自己设计的图纸付诸实践，与高标准的航天产品要求相比，冯克强发现了差距，这种差距激发了他强烈的进取心。他决心刻苦研究车身设计，立志不仅要做好这个小零件，还要成为领域“大拿”。

“假如成才距我们有十万八千里，‘问’就走出了第一步。”为了设计好零件，冯克强勤奋学习设计理论，他向书本学、向老师学、向同事和一线师傅学……很快成了大家口中的“冯人就问”。不断学习后，冯克强的零件设计达到了要求，圆满完成了任务。然而，任务虽然结束了，“提问”却没

冯克强

有停止。

“特种车设计不是一件容易的事情，我还需要不断学习、持续进步，才能让我们的产品永远保持先进。”特种车理论研究中遇到困难，冯克强便放弃节假日，一心研究问题，从“今日所学”中找思路；在实操中遇到难题，他就深入各装配车间，反复向一线师傅请教，与一线师傅一同操作，直至问题解决。“在车间，他经常与师傅们一起检查车身，有时专业得像个‘老师傅’。”车间的同事们说道。

功夫不负有心人，不到两年时间，冯克强就从特种车辆研制的“新手”变成“熟手”。他说，是航天人的精神影响着他，脑子里有了知识，手里有了技能，心里才更有底气。

勇挑重担，敢闯设计“无人区”

随着工作深入，冯克强开始挑战自己。在特种车设计发展的重要阶段，部门发布了一个关键任务，需要设计人员精通机械结构和流体力学知识。当时公司在这方面没有形成专业的设计体系，大家心里都没底。但是冯克强坚信：“如果你想要从未拥有过的东西，那么你必须去做从未做过的事。”

冯克强主动请缨接下重任，那段时间，他自学流体力学知识，牵头组建攻关小组，把提高超大型特种车驾驶室内窗玻璃除霜系统性能作为第一个课题，带队完成了设计方案，并率队前往寒区做测试。超大型特种车在零下 40 摄氏度环境下除霜效果不理想，主要影响因素是出风口的温度和流量。“在冷暖风系统设计中，除霜这道难关必须过。”顶着寒风，他们以咬定青山不放松的韧劲和钉钉子的精神，在寒区一遍遍试验，带回数据后，立即深入分析原方案的弊端，一遍遍优化方案，实施、推翻，再优化、再实施……

“过五关、斩六将”，超大型特种车驾驶室内窗玻璃除霜系统最终在试验窗口期完成了寒区试验，新方案成效显著！“以后特种车暖风系统将是我们泰航产品的强项了。”这次任务的成果受到各级领导肯定，为特种车研制积累了宝贵的经验，也让冯克强更加坚定了勇闯设计“无人区”、遇到困难一往无前的信念。

坚持创新，推动特种车发展

今年年初，泰航公司准备研发新一代超重型高速行驶特种车底盘，这一项目关系着特种车产品的技术发展，也关乎院在特种车领域的话语权，冯克强作为项目主要负责人，压力与挑战可想而知。

这款底盘与公司传统底盘相比，有很多关键技术需要创新和突破，冯克强顶住压力，一头扎进设计工作中。新技术研发往往不会一帆风顺。设计初期，难题接踵而至，冯克强带队积极对接用户需求，明晰详细功能，探讨使用工况，以打造“可靠”“好用”的产品为出发点，进行针对性创新设计。

难点和关键技术各个击破，特种车底盘的性能和可靠性不断攀升的同时，还更加智能化、便捷化。这款底盘投入使用后，为泰航公司赢得了市场认可和赞誉，推动了特种车行业的发展和进步。

主动担当，为产品“保驾护航”

志不求易者成，事不避难者进。在生产、试验和验收中，面对遇到的产品难题，冯克强主动担当，敢啃“硬骨头”。

面对某型号底盘在开展低温试验时发动机无法启动的难题，他快速组建团队研究问题，梳理影响发动机的潜在故障点并逐一排查，剖析了问题原因，制定了整改措施，固化至该型底盘低温试验规范，在随后的三款变型车底盘低温试验中得以应用，均实现了低温启动一次成功。

在一次试验任务中，车辆发生整车淋雨掉电及怠速熄火等技术难题，冯克强连续工作 1 个月，每天加班至深夜，在优化方案和试验验证中逐一排查各系统工况，深入分析同类型发动机参数，查阅相关熄火故障案例，最终在大量试验排查下找到问题根源，提出相关措施进行验证工作，保障了产品任务正常试验。

在完善产品性能的道路上，精益求精的冯克强，不是在电脑前完善方案，就是在生产、试验现场跟踪进度和质量，关注每一次试验数据，了解每一型产品状态，第一时间沟通、协调，快速、精准解决质量问题，为产品“保驾护航”。

扬鞭奋进鼓点急，担当尽责正当时。冯克强始终满怀激情地朝着“让我们的产品永远保持先进”的目标砥砺奋进，他用实干扛起了肩上的责任。

航天阀门生产的青年先锋

黄鹏，出生于1993年10月，大学本科毕业后，入职火箭院北京航天爱锐科技有限责任公司，主要从事运载火箭阀门产品生产计划调度工作。2022年作为某项目团队成员，荣获院长征贡献奖，先后多次荣获公司“优秀共产党员”称号。

他创新管理方式，让航天火箭阀门生产效率提升近30%；他主动作为，为产品设计“包装箱”，保证产品质量；他将生产任务倒背如流，保障突发情况下产品的生产和顺利交付。他就是火箭院北京航天爱锐科技有限责任公司计划调度员黄鹏。工作7年来，这个朝气蓬勃、满腔热血的年轻人始终扎根在一线，做好产品生产调度工作，为各项任务的顺利交付保驾护航。

创新管理提效率

2022年年底，院深化改革，决定以爱锐公司为平台组建院阀门类产品研产一体、实体化运营专业公司。在公司成立的过渡阶段，爱锐公司不仅要做好重组改革的重要工作，还要兼顾产品生产交付的基本要求。肩负着阀门交付的重任，提高生产效率、保证产品交付成为车间员工关注的重点。

身为箭体阀门生产调度的主要负责人，黄鹏面对现役、新一代、新研阀门生产的严峻形势，综合考虑车间生产能力和机床使用效率，提出了一种新的生产管理方式：“推拉结合，共助生产”管理办法。其中“推”即为“推动式管理”，主要针对中长期产品，根据车间的任务将同类或者相同产品组批生产、分组交付，既满足生产进度，还可以节省生产资源，有效缩短管理链条。“拉”则为“拉动式管理”，主要针对近期短线产品，集中最小的资源完成最紧急的任务，以当前紧急的火箭交付节点，拉动阀门齐套装配，进而拉动零件生产。

除了创新管理，黄鹏还在业务分工上狠下功夫，进一步发挥组员的生产组织能力，提高工作的效率。他提出箭体阀门零组件产品“统型生产”的生产组织方式，由于型号数量日益增加，借用阀门情况频发，原来按照型号维度进行的生产管理的方式，时常会发生管理重叠的情况，这使得生产管理效率大打折扣，任务“撞车”，库存不准的情况时有发生。黄鹏提出将生产任务“按图号分工，按型号管理”的创新管理模式，机加调度员根据下发的任务进行汇总，按照全年齐套和发射需求计算出阀门年度最少装配数量，再结合每项零件库存情况，将同图号不同型号的零组件进行“统型生产”，装配调度员则根据不同型号阀门产品的技术条件进行阀门产品分组装配试验工作，这使得箭体阀门零组

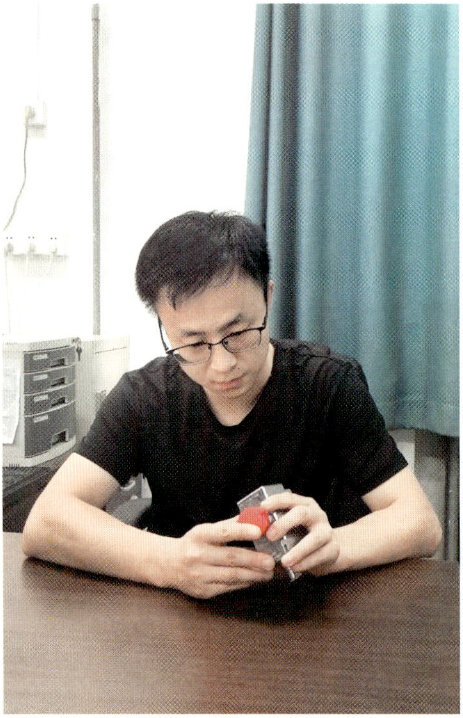

黄鹏

件生产效率大大提升。“利用‘推拉结合’和‘统型生产’的管理方式，航天箭体阀门的生产效率提升了近30%。”车间生产主任戚保凯赞扬地说道。

调度组负责车间各型号任务的生产准备、生产计划、组织、协调、产品交付、后勤保障、危化品清理等工作，是分管车间事宜最多的班组。在公司重组后，黄鹏勤于思考、吃透流程，合理地将车间业务进行了划分，让大家进一步明确责任，更加井井有条地开展工作。

主动作为保质量

随着型号任务增多，阀门生产批量越来越大，阀门产品的包装和周转占用了员工们的大量精力。为了提升车间内部产品周转率，黄鹏和调度组主动担当，频繁深入一线和工人师傅们一起挥洒汗水，进行产品周转运输工作。当有人问他，为什么调度员还需要干“搬运工”的工作时，他总说：“产品是大家的，是公司的，产品的快速周转是关乎产品交付周期的重要影响因素之一。目前搬运之所以没有明晰的职责划分，是想集大家之力共同做好这份工作。只要有时间有精力，大家伙儿一起搭把手，事情也就干完了，多解放解放工人师傅的时间，让他们花更多时间去加工产品，创造更多效益岂不是更好。”他就是这样一名默默无闻、任劳任怨的年轻调度员，与他共事的人，每时每刻都能感受到他满腔的热情和用不完的精力。

看着数量这么多、结构又精密的阀门零件，在周转运输过程中如何才能避免因磕碰而产生的低层次质量问题？黄鹏边干边思考着。他提出为产品设计对应的“包装箱”，解决了这一问题。

壳体类、活阀类、杆类……黄鹏将车间产品进行分类，根据分类产品的尺寸大小设计出较为统一的几类通用“包装箱”，并在网上寻找成本价格合适的制造厂家，大批量订购。“工欲善其事，必先利其器。用上‘包装箱’，既方便了同类产品分类码放，又便于产品周转运输，在保证产品质量的同时，大大提高了产品周转率，可谓‘一举两得’。”黄鹏说道。

“真正的好调度，都是依托于科学的库房管理，只有库存准了，生产才能合理安排。”黄鹏一直记得老组长的谆谆教诲，在成品库上，他不断摸索、优化改进，通过在库存电子账目上增加超期提醒设置，以及坚持产品“先入先出”，每月核对库房实际账目的方法，让成品库存产品数量、有效期限一目了然，有效避免了因成品库阀门数量不准造成火箭阀门生产漏项风险，以及因阀门贮存期不满足火箭划线文件而出现的整阀报废的重大质量隐患。

全力以赴守节点

检验员：“黄鹏，这个产品有点问题，需要联系处理一下。”

工艺员：“黄鹏，这有一个自制工装需要安排加工一下。”

操作者：“黄鹏，这个产品精加工完成，需要弄些包装箱。”

走在生产现场，黄鹏整个人仿佛回到了家中，就连车间工艺员、检验员、操作者甚至上级机关遇到生产问题，总是第一个想到他。小到一个垫片，大到一发火箭阀门产品，他总是能在第一时间想起产品在线情况，有几个批次、进展如何、后续还有什么涉外工序、主要加工难点在哪里……他都了然于胸。

新冠疫情期间，一个重大工程任务的阀门需求迫切。当时黄鹏正在居家，身边没有电脑。他凭借着脑海中对生产任务的记忆，快速进行产品梳理，并牵头组织团队召开了线上调度会，将 18 种、126 项阀门零组件分别确定好责任人和任务节点，对突出的质量技术风险做出相应预案，有条不紊地布置各项工作，最终带领团队圆满完成了几乎不可能完成的生产交付任务。

当问起为什么在没有办公资料的情况下，还能将现场的生产任务倒背如流时，黄鹏解释说："也不是记忆力有多好，就是不管是在家里还是在工作中，我心里总是想着产品进展情况，再加上之前每天对自己负责的产品进行跟产转运，自然而然就都记住了。""自然而然"的背后，是他对自己负责的各项工作认真负责、一丝不苟，这让他能将各项任务需求、生产流程、管理要求等都铭记心中，把各项工作做得游刃有余。近几年，调度组面对批产与研制并行的严峻形势，产品交付压力大。面对新挑战，黄鹏迎难而上，做好每一次调度工作，全力以赴守节点，保障各项科研生产任务顺利进行。

胸怀千秋伟业，少年壮志凌云。在航天科研生产一线，黄鹏以青春之光闪耀追梦征程，以实干担当书写靓丽生产答卷。面向新征程，他将继续以永不懈怠的精神状态、永不停滞的前行姿态，接续奋斗、砥砺前行，为航天强国建设贡献自己的一份力量。

在航天热爱中成长

崔同锴，出生于1990年1月，博士研究生毕业后，入职火箭院北京临近空间飞行器系统工程研究所，主要从事电气综合设计工作。获评2023年第三季度“丰台好人”，获院科技进步奖一等奖3项、二等奖2项，授权专利5项。

作为一名火箭青年，爱岗敬业、脚踏实地，他投身多个国防重大项目甘当小小螺丝钉；作为一名新时代青年，无惧黑暗、见义勇为，他为弱势群体勇敢发声毫不胆怯。爱岗敬业，践行航天精神，是他的态度；事事有交代、件件有着落，是他的准则；见义勇为，切实履行公民义务，是他的坚持。他是一个低调正义的“丰台好人”，更是一名平凡而又不凡的火箭青年。

初出茅庐，“靠谱”是他的工作理念

崔同锴早在学生时期就下定决心要为国防事业贡献力量，坚守着航天报国的坚定信念，他来到了火箭院。初入职场他就在思考，怎样才能成为一名合格的火箭青年。入职的第一个月，所有新员工都没有分配具体工作。崔同锴利用这段时间读了很多航天技术资料以及关于培养工作习惯的书，每读完一本就写下读后感，与一同入职的同事交流分享。做一个“靠谱”的火箭青年，是崔同锴对自己的要求。

为了彻底解决传统测试设备的弊端，研究室决定由崔同锴牵头自主研制无线测发控设备。这是崔同锴第一次独立设计产品。他从零学起，为了吃透无线测发控专业的理论知识，刻苦钻研射频理论知识和电路设计方法，直至熟练掌握无线测发控系统所有技术分支，画结构图、电路图和写设计方案填满了他所有的业余时间。凭借不服输的拼劲，崔同锴逐一攻克难题，完成了无线测发控设备的产品研制，他把由四五个几百斤的机柜、十几根几十米长的电缆组成的测发控设备，简化成一个手提箱大小，极大地缩短了发射测试准备时间，成功保证了多发次的测试和发射控制任务。

工作中，崔同锴常常自省：自身承担的任务有没有半途而废？同事交代的事项有没有反馈？在不断的自我审视中，“事事有交代、件件有着落”逐渐成为崔同锴的工作准则。

披荆斩棘，“成功”是他的幸福源泉

入职的第二个月，崔同锴被分配到测试综合设计技术工程组，主要负责地面测量系统的设计工作。作为一名新人，接到任务时，崔同锴内心是高兴的，也是忐忑的。他担任数据处理岗，负责测试数据的实时和事后处理、分发工作，以及靶场相关工作的协调统筹。不同于常用的商业软件，航天数据处理软件具有高度定制化的特点，其操作逻辑与系统设计密切相关。作为刚接触型号工作的新人，为了尽快加深对系统设计的了解，崔同锴主动在数据处理软件的配置和操作方法的学习上投入很大精力。

在校读书时，崔同锴常专心埋头于论文与试验，寡言少语。入职四个月后，

崔同锴

一次次电话沟通与当面协调，他已经变成说话条理清晰、表述精炼的航天人，不断发现问题、解决问题，崔同锴和团队圆满地完成了任务。

“我静静地坐在地堡中，紧张地看着显示屏上跳动的测量数据，就像医生看着心电监护仪。当零号下达点火指令后，突然感受到一个不那么强烈的震动，监控画面中的火箭缓缓上升，我感觉胸口突然变得闷了，眼睛也湿润了，十分强烈的自豪感充斥了整个大脑，在大漠中三十多天的努力有了最直接的回报！”这是崔同锴在回想第一次执行任务时的心情。那时他忽然明白了，为什么研究室里的前辈会说航天工作是一种高成就感的工作，同时也需要航天人具有奉献和牺牲的精神。重担才能历练人，经历是最好的老师。圆满完成首次飞试任务后，崔同锴快速融入了航天工作。

热爱航天，“使命”是他的心之所愿

一个任务结束，新的任务来临。崔同锴有了岗位变化，从测试综合设计岗，转变为电气综合设计岗。新的任务，新的起点，崔同锴在研究室前辈的带领下边学边干，逐渐成为一名能够独当一面的副主任设计师，完成了多个型号的电气系统设计工作。虽然辛苦，但一次次任务的成功是最好的回报。

崔同锴的成长之路也并非一路顺遂，成果背后是他一次次跌倒后的不放弃。在某次重大任务中，崔同锴负责的产品突然出现过流关机现象。“第一时间的感觉是大脑空白，就像电脑宕机一样”，这是他那时的感受。为了不影响任务进度，在不拆除故障产品的前提下，必须在 48 小时内完成问题定位。第一道难关是使用同批次产品复现故障现象。崔同锴根据故障时的遥测信息，将故障初步定位到硬件设计问题。他一遍遍地研究电路图纸和电装图纸，发现设计的薄弱环节，模拟工作环境，终于复现了！此时崔同锴已经连续奋战了 40 个小时，但是他还是坚持写完问题定位分析报告并完成汇报评审。经过短暂的休息，崔同锴终于有时间回想整个过程，从单机任务书的提出，到问题的出现和解决，是哪些环节没有抓住，有哪些方面没有考虑，经过此次归零后，崔同锴沉稳了许多。

四年来，崔同锴跟随任务走过天南海北，穿越荒无人烟的戈壁，翻过苍茫无垠的沙漠，看过深山幽谷的月光，数不清舍弃了多少与家人朝夕相伴的日子。一次次在艰巨的任务中成长，崔同锴在任务中也担任越来越重要的岗位，由一名航天新人转变为一名成熟的设计师。

见义勇为，“担当”是他的人生态度

为了确保一项重大项目的出厂计划和试验安排，崔同锴已经记不清这是第十几个连续加班到凌晨两三点的夜晚了。推进测试流程、解决技术问题，崔同锴连续几天的吃住都扎根在试验现场。单位为试验团队配备了专车接送，为了让司机师傅也能早点回家，崔同锴通常选择在三环草桥公交站下车，过人行天桥后再骑五分钟共享单车回家。

这天凌晨三点半，崔同锴照常在草桥公交站下车，忙了一天脑袋晕乎乎的，他疲惫地走上人行天桥。灯光有些昏黄，隐约看到桥面上趴着两个人影，他没多想便继续前行。走近之后，崔同锴就听到了女孩的呼救声。凌晨三点半的三环上偶尔有车驶过，但是四下再无其他行人，遇到这样的情况崔同锴心里一开始着实有点发懵，犹豫了几秒后，他快步上前大声呵斥男子，“我报警了！”同时拨打 110 报警。施暴男子听到呵斥后仓皇起身逃走。警察很快抵达现场，但是施暴男子已不知所踪，便将崔同锴和受害女孩一同带回派出所做笔录。原来女孩才十七岁，在附近烧烤店做暑期工，所以每天下班比较晚，而犯罪嫌疑人已经连续跟踪了女孩好几天了，被崔同锴撞到报警时，犯罪嫌疑人还未得逞。

天网恢恢，疏而不漏。当天中午，崔同锴就接到了派出所的电话，施暴男子被抓到了！按照流程，崔同锴前往派出所指认了该男子。在派出所，受害女孩及其家人向崔同锴表示了由衷的感谢。

2023 年，崔同锴因为见义勇为被评为“丰台好人”。崔同锴从心里认为这是自己应该做的，低调踏实的他从未主动向周围人提及。案发当天他因去派出所配合调查直到第二天早晨，来不及回家休息，他直接从派出所前往单位。指认犯人的当天他甚至都没有耽误工作，利用自己中午吃饭午休的时间赶往派出所配合工作，结束后又迅速赶回了试验现场，投身到紧张的测试工作中。

见义勇为是他的社会责任，型号试验是他的岗位责任，年轻的崔同锴觉得两种责任都是他该做的，也是他能同时做好的，无需夸赞、无需声张，他说每一个有信仰、敢担当的火箭青年都会毫不犹豫做出和他一样的选择。

在工作中，他是一名“靠谱”的航天人，凡事以闭环为准则，以成功为追求，勇于担当、敢于突破；在生活中，他是一名有信仰的“丰台好人”，不惧黑暗、见义勇为。崔同锴是广大火箭青年中平凡却又不平凡的一员，将个人梦想融进航天梦、中国梦，为建设航天强国贡献自己的青春力量。

且以青春“赴山海”　便将星辰“入人心”

ECMO国产化研制团队来自火箭院北京精密机电控制设备研究所，是一个敢于担重任，敢啃“硬骨头”的新时代青年团队。团队面向人工器官等高端医疗装备领域的“卡脖子”难题，积极运用先进航天技术开展研制攻关。团队承担“卡脖子”高端医疗器械ECMO的专项攻关任务，研制出首款纯国产ECMO并在特殊时期应用于临床，以航天科技服务健康中国。

从仰望星空到深入人“心”，从探索宇宙到治病救人，他们以“航天科技服务健康中国”的坚定信念为指引，以青春力量投入高端医疗装备国产化研制；面对国家所盼与人民所需，他们日夜奋战，同时攻克“人工心”和“人工肺”难题，研制出自主可控的国产 ECMO，让航天技术普惠于民。他们就是火箭院北京精密机电控制设备研究所 ECMO 国产化研制团队（以下简称“研制团队”）。

从无到有，走罕有人至的国产化之路

2019 年，新冠疫情暴发，ECMO 因一次次成功救治危重症新冠肺炎患者而被更多的人知晓。作为一项“卡脖子”技术难题，ECMO 的关键核心技术一直以来被国外封锁垄断，无论是设备还是耗材，价格都常年居高不下，以至于流传着这样一句话——“机器一响，黄金万两”。

“没有参考，没有借鉴，一切都是从头开始，心里没有压力是不可能的，但是国家人民有需要，把它研制出来就是我们的责任，要做就做最好的！”怀揣着必胜信念，怀揣着为守护人民生命安全而奋斗的使命，火箭院北京精密机电控制设备研究所成立了研制团队，走上了高端医疗装备国产化的征程。

专业技术壁垒犹如天堑，攻关岂在一朝一夕。ECMO 国产化研制要面临的不仅是技术领域的空白，同时也缺乏相应的检测标准、检测设备及试验方案。在测试验证阶段，研制团队技术骨干赵翔基于火箭液压伺服技术，与高校联合研制出“体外心肺循环模拟试验台”，通过模拟人体心脏搏动和瓣膜特性，监测血液动力学特性，从而更真实地还原 ECMO 在生理及病理模型中的应用。

逢山开路，遇水架桥。“从长征路到飞天路，都是一条从无到有的路，都是走向胜利的路，而我们脚下的路也是同样的。”赵翔说，“航天人从不畏苦畏难。”

在火箭上，伺服技术助力着成功；在 ECMO 中，伺服技术则服务于生命。研制团队充分利用电机控制、流体仿真、磁悬浮驱动等领域的技术优势，开展技术攻关。“我们能在短时间内取得成功，离不开沿用航天系统工程理念组织科研攻关。”赵翔至今还记得，他和同事们将原本用于遨游浩瀚宇宙的航天伺服技术带到近在身边的高端医疗装备领域的那种激动、那种兴奋。

勇担重任，做更适合国人的产品

“既然要实现国产化，那就做更适合国人的产品！”抱着这样的理念，在产品研制阶段，研制团队的成员们一次次前往医院临床一线，认真听取医生的意见和建议，密切观察患者实际使用情况。

“那时候我和医生们每天同吃同住，他们开玩笑说我是医院里的‘钉子户’。”研制团队技术骨干郭媛回忆起当时的情况不禁感慨道，“但在临床实际应用的时候，有了前期的积累，我就能知道产品的哪些设计和功能还能改进得更贴合医生的使用习惯。”

一个多月的时间里，他们在实验室和医院之间来回奔波，不断根据最新的需求和反馈优化产品。历经一次次的智慧凝结、一次次的验证打磨，专为国人“量身定制”的 ECMO 在极短的时间内完成了样机定型。

对比国外分体式 ECMO，国产 ECMO 体积仅为其一半，而且产品上还

团队成员在进行设备调试

嵌入了研制团队关于“冗余设计”的巧思，触摸屏和机械旋钮并存，如果设备屏幕在急救过程中意外受损，医生可切换到机械旋钮操作模式，不影响产品正常运行。此外，放置 ECMO 的推车高度与国内病床高度适配度更高，并且能与医护人员的身高形成“默契”配合；在支架中段，还有可存放患者化验单的储物隔断，两侧也为氧气瓶留出了空间，尽可能为国内医护人员提供便利。

2023 年年初，在研制团队的共同努力下，辉昇-I 型 ECMO 顺利取证上市，成为国内首个进行大规模临床救治的纯国产化 ECMO。

千里驰援，用航天科技守护人民生命安全

2023 年 9 月 7 日，一个看似平凡的日子，研制团队如同往常一样，在实验室里有序地推进着产品研制相关的各项工作。一个远方传来的紧急消息打破了这份宁静，牵动了每个人的心神：广西南宁有一位患者病情危重，需要在最短时间内转至广州的医院接受进一步救治。转运过程中，患者需要设备以提供长时间的生命支持，而患者此前使用的国外产品在便携性等各项性能上都不适合转运。当时，正值南方恶劣台风天气，如此长距离转运，患者能依靠的产品在哪里？医生们第一时间想到了高可靠、高稳定的辉昇-I 型 ECMO。

能干吗？敢干吗？研制团队对自己倾注心血打磨的产品有着充分的信心。团队售后工程师徐少松带队，携产品连夜乘坐当天最后一班飞机赶往患者所在医院。这一刻，生命的接力棒就在他们手里。

到达医院后，徐少松迅速配合医生，仅仅用时 5 分钟就完成了换机。这支由售后工程师与医护人员共同组成的转运团队马不停蹄地护送患者赶往广

州。暴雨倾盆的深夜，跋涉600多千米，再回想起来都有些后怕，“当时也没留意到底是半夜几点了，也没太关注雨到底多大，心里眼里装的都是病人。”徐少松说的时候，憨厚地摸摸头。

经过一整夜的跋涉，次日早上8点，转运团队护送患者有惊无险地抵达医院，在确认患者状况趋于平稳后才默默离开。从北京到南宁、从南宁到广州，2500多千米的雨夜驰援，一天一夜的生死时速背后，是研制团队发扬航天精神，用航天科技守护人民生命安全的坚定信念和行动。

踏平坎坷成大道，斗罢艰险再出发。从前期一心一意投入研发生产，再到产品上市后在多家医院临床应用，研制团队闯过了一个又一个技术难关，让敢于突破、敢于创新的航天基因植入高端医疗领域。未来，他们将继续坚守“质量为先，传承航天精神；生命至上，服务健康中国”的理念，让热烈、无私的火箭青年之光在伟大事业的征途上熠熠生辉。

抢抓机遇打造人工智能计量创新策源地

人工智能计量测试与标准创新团队来自火箭院北京航天计量测试技术研究所，团队经过七年潜心攻关，基于人工智能的计量溯源，形成了物理量指标和认知量指标测试理论方法，提出了某智能度量体系和PLARRK人工智能综合质量指标模型，开辟了计量科学的一个新领域方向。

青年是创新的生力军。北京航天计量测试技术研究所人工智能计量测试与标准创新团队在人工智能计量测试与标准领域超前布局、大胆开拓、有为无畏，抢占人工智能计量测试标准战略高地，持续开辟发展新领域新赛道，以永不懈怠的精神状态、永不停滞的前进姿态，在加快发展新质生产力、推进中国式现代化进程中挑大梁、当主角。

从开始的“智衡五战士”到现在的“五大技术团队”

人工智能的快速发展倒逼智能计量技术必须迅速从“物理域”迈入“认知域”。研究所敏锐地捕捉到“智能＋”这一发展趋势，2017年冬天，组建人工智能计量测试与标准创新团队，开始人工智能计量技术创新研究。团队最初的名称叫“智衡”，由五名成员组成。他们是一群富有战斗力的80、90后，工作中处处彰显着坚韧不拔的意志，被称为“智衡五战士”。

人工智能计量到底是什么？最初大家对这个新概念都是一头雾水。人工智能涉及领域众多、技术复杂，本身还没有成熟的体系，其计量测试的难度不可估量，当时团队仅有的五个人围坐在一起，陷入了沉思，“我们该怎么做？国内没有成熟的理论和实际应用可以借鉴，这是在摸瞎过河。”“人的智商如何评价都没有统一标准，人工智能该从什么角度进行计量。”

既然决定做，哪怕只有1%的希望，也要用200%的努力去争取！

他们深知科研历程如同在黑暗中踽踽独行，碰壁撞头是家常便饭。一字字修订术语概念，一次次迭代体系框架，一遍遍跌倒了再爬起来。深夜灯火通明的办公室，堆积如山的讨论材料，堆在桌上冷掉的加班餐，两个板凳拼成的休息床，漫漫科研路上，团队成员咬紧牙关，上下求索。在一次次任务

人工智能计量测试与标准国家市场监管部级重点实验室

的攻关中，团队成员锻炼了能力，锤炼了心性。目前“智衡五战士”已发展壮大成为了“人工智能计量基础理论团队”“人工智能安全可信计量技术团队”“人工智能水平计量评价技术团队”“人工智能计量技术规范研究团队”“通用智能前沿创新技术团队”五大技术团队，持续提升人工智能计量测试关键核心技术的攻关能力和原始创新能力，加快推动人工智能创新生态建设与落地应用效率。

啃“硬骨头”创“新思路”

人工智能计量测试就是对人工智能产品进行最精准的测量，从源头上解决产品“敢不敢用、能不能用、好不好用”的问题，是人工智能走向应用的重要环节。他们从零开始，啃下了一块块人工智能计量溯源的“硬骨头”，形成了物理量指标和认知量指标测试理论方法，提出了某智能度量体系和PLARRK人工智能综合度量指标模型，使计量技术从传统的物理量迈向认知量计量，填补了国内人工智能计量技术体系的空白。

2020年，团队承担了某智能可解释性计量项目，可解释性是可信人工智能的基本特性，对其计量测试是保障应用落地的重要前提。其中，建立充分全面的测评体系创新性强、难度高，在反复迭代了10余次后，测试结果仍然不理想。大家并没有泄气，为了构建完美的测评体系，连轴转了半个月却收获甚微，看着大家疲惫的样子和充满血丝的双眼，主任心疼道：“我再梳理一下，你们先回吧。”许久再抬头，才发现大家都没离开工位。那段时间，团队几乎24小时足不出户地待在现场。深夜，窗外是静谧的夜色，屋内是不间断接打电话、敲击键盘、指令传来的声音。团队成员始终坚信“没有完成不了的任务，没有克服不了的困难，没有战胜不了的敌人”。

目前，团队打通了现阶段人工智能测评的很多“堵点”，实现了集成化、体系化的智能计量测试能力，发展形成了科学、完备的人工智能计量测试理论与技术体系，在智能测试充分性计量、测量不确定度评定、溯源探界、智能模型缺陷测试与定位技术等方面取得引领性的研究进展，为后续该领域的研究提供了充足的动力。团队在短短几年内迈入了人工智能计量测试领域的第一梯队，并持续向世界领先、世界一流人工智能计量测试团队迈进。

双向奔赴、相互支撑、共赢未来

尽管科研任务多、业内期待高，但团队成员却非常“新”，好几个成员才博士毕业参加工作不到一年。团队发展就像种树一样，既勤于浇水施肥，又让小树去经受风吹雨打。两月举办一次“智衡论坛”学术沙龙，累计印刷14期《智能计量与标准》内部期刊，任命青年担任国家级科研项目负责人，大胆地给机会、压担子、搭平台。青年来到这里也非常拼，他们往前冲、比着干，很多人刚来没多久，就迅速成为行业内的青年骨干。

“建设人工智能计量与评估专业，建立智能计量与智能系统研制过程深度融合机制，加强智能系统计量测试平台建设……”参加完2024年第一期“智衡论坛”学术沙龙，听了专家们立足不同专业、不同领域的深度思考，王永光博士的视角进一步打开，他反复思考后在笔记本上认真写下了3条工作建议。如今才30来岁的他算是组里的“老将”，跟他同龄的张龙博士也是团队的骨干，“老将”便有老将的担当。团队搭建智衡论坛，举办十大前沿论坛活动，与国内顶级科研机构、国家重点实验室等建立了常态化联络机制，多措并举加速团队内部成员的研究效率，促进研究成果转化。

“智衡论坛”学术交流活动

在人工智能计量测试与标准重点实验室开放的育才环境和浓厚的学术氛围里，在一个个国家级科研项目的加持下，年轻的航天人勇敢、大胆地走进了无人领域，一步一步摸着石头过河。最初的“智衡”五人小队，已逐步发展壮大，成为一支在人工智能计量测试领域不畏困难、勇于挑战、敢于创新的攻坚创新团队。

冬奥舞台上的青春担当

冬奥专项保障团队来自火箭院北京航天发射技术研究所，组建于2020年3月，由北京航天发射技术研究所技术总体团队与天民公司项目管理团队共同组成，青年比例为70%，圆满完成冬奥项目的施工、运行保障工作。

冬奥项目是集设计、实施、保障为一体的系统复杂、体量巨大的国家级重大工程项目。北京航天发射技术研究所冬奥项目团队圆满完成了2022年北京冬奥会、冬残奥会开闭幕式的舞台保障工作，完美呈现了冰立方、冰雪五环、旗杆系统等多项核心演出装置，确保了开闭幕式演出的安全可靠和圆满成功，实现了艺术与科技的精彩碰撞，点燃了为国争光的精神之火。

慨然以赴国之重任

作为从来没有从事过舞台业务的“新人”，项目刚开始时连基本沟通都显得手足无措，“刚参加项目的时候，无论是我还是我的同伴们，都是带着敬畏的心来干这份工作的，航天是系统工程，有详细的指导手册和明确的执行步骤，流程清晰指令明确，而舞台艺术充满了灵活机动性，彩排时仅靠着

冰雪五环

一台手持对讲机，快速响应导演针对舞台现场效果进行的临时调整，刚开始感觉还是有些不适应的，但我们把航天精神无形中融入这项工作，把行业特点与导演风格相结合，把整个流程按我们航天系统的梳理方式，基于流程的时序分析详细地做一做，就基本上能预测到导演在什么时间段会下口令”，队员表示。他们快速适应，发挥大力协同的精神，仅仅 2 个月就担起与张艺谋总导演直接进行技术工作沟通的重任。

冬奥项目面临的最大难题就是航天科技与艺术之美的有机融合，艺术追求的是美，精巧细致和惊艳的美；而科技工程追求的是实，结实和安全，两者之间往往存在很大差异，他们从标准、规范、样例等基础上下功夫，由浅入深、层层突破，冬奥会开幕式总导演张艺谋曾多次对航天团队说：“我负责精彩，航天负责成功。”他们敢于尝试，不断突破，“很多人开始不相信我们能按时保质地完成任务、交付舞台，既然我们航天人许下承诺，我们答应的事情肯定能做到”，队员表示。一句国之重任，火箭青年慨然以赴；一声为国争光，火箭青年勇毅前行。火箭青年用勇于担当的责任感拉开冬奥会序幕，完美地向全世界展现了中华灿烂文明、大国实力和精神风貌。

创新突破聚力攻坚

艺术大师们对完美的无限追求让中国式浪漫惊艳了世人，而科技则需要不断迭代，用一个个试验测算形成可以量化的标准来保障艺术构想的安全实现。作为打前锋的第一支团队，进驻国家体育场以来，他们在一个“巨大的地仓”，和施工工人们搭桥架、爬地沟、引电缆、端接设备，铺设现场的施工线路，在烈日下、寒风中、雨雪里，在钢梁处、设备间、场馆内挥洒着智慧的汗水。他们采用了多级折叠结构，使总质量约400吨的冰立方升降的最大速度可达每秒0.28米，完成整个升起过程，最短耗时43秒，运行误差只有

冬奥专项保障团队

正负 1 毫米，呈现方式的难度创历史之最。

团队成员以务实、专业、敬业的工作作风投入冬奥专项工程的各个阶段中，一步一个脚印搭建起约 2.1 万平方米的地面舞台系统，鸟巢中央巨大的舞台和巨幅地屏令人震撼，当之无愧问鼎世界之最。

所有高难度的艺术呈现背后离不开团队近千份技术方案的迭代和一年多来“绣花针”般的方案打磨，在确保艺术效果实现的同时，结合航天系统工程、总体思维、归零方法等航天特色方法，确保舞台各项机构演出可靠，体现了“严、慎、细、实”的工作作风。

甘之如饴无私奉献

两年间，有的队员每天早上 5：30 左右就要从北京南城出发，横跨大半个北京来到鸟巢现场，参加设计审核、施工进展、现场调试等各项工作。有的队员克服疫情、节假日无休等重重困难，只为高效完成节点部署和常态保障工作。为了保证项目进度，他们常常忙碌一天下来，往往是饭顾不上吃一口，水顾不上喝一杯。凌晨 4 点仍然坚守在工作岗位上，配合冬奥会开闭幕式的一次次排练是家常便饭。由于冬奥会特定的开幕时间，在阖家欢乐、万家灯火的春节背后，他们肩负国之重任，脚踏实地埋头苦干，几百个日日夜夜里，勤恳敬业、不计回报，“作为火箭青年，很庆幸能拥有这么好的平台去施展自己的才华，冬奥项目是百年不遇、千载难逢的机会，我要尽自己最大努力在这个舞台上提供支撑，让中国在世界绽放光芒”，队员表示。他们将两年的时光凝结成开幕式 100 分钟的精彩演绎，支撑他们的是坚定的理想信念！

2022 年 2 月 4 日 20 点整，北京冬奥会开幕式正式在国家体育场“鸟巢”

拉开帷幕，黄河之水天上来，水幕从天而降，倾泻到大地，一片汪洋逐渐凝结，近 3 层楼高的冰立方拔地而起，冰球击中冰立方，伴随碎冰的掉落，被激光刀“雕刻”出晶莹剔透的奥运五环缓缓升起，灿若星辰。作为开幕式保障技术人员的他们在现场听到了中国与世界文化的共鸣，这场传统与现代的水乳交融，航天科技与艺术的完美融合，将中国梦和世界梦交汇在一起，展现了我国深厚的历史与文化自信。他们用行动践行了“请党放心，强国有我”的铮铮誓言，用“不驰于空想，不骛于虚声”的实干态度，在面向世界的舞台上绽放出火箭青年的青春光彩。

护航有我，您身边的贴身管家

火箭院南苑科研区一体化服务保障团队来自火箭院航天万源实业公司，以“立鸿鹄志，做奋斗者，担千斤担”为座右铭，以总保障的视角、大保障的视野，聚力打造火箭院特色服务保障新体系，在全面适配全域、全时、全程的保障服务需求中，以高品质的一体化服务保障为院科研生产保驾护航。

火箭院南苑科研区一体化服务保障团队成立于2022年4月，由航天万源实业公司物业管理、餐饮车勤服务、通信保障、园林绿化等服务板块构成。这支团队致力于探索航天智慧园区管理的新方法、新路径，他们执着追求专业全覆盖、服务高标准、保障有温度，他们在危急时刻挺膺担当、无私奉献，时刻护航航天科研生产，他们是一支当之无愧的青年铁军，也经常笑称自己是航天大保障战线的最强“天团”。

全力以赴抗住疫情大考

这支年轻的团队一经成立就面临着“抗疫”大考。2022年，由于新冠疫情的影响，火箭院发出了科研区减员、封闭运行管理的通知。接到通知的第一时间，团队青年们纷纷请缨，各单位组织精兵强将住进科研区，24小时提供保障。

为了有效降低疫情风险，团队主动提出取消员工在餐厅集中就餐，采取无接触送餐上门的建议。要知道，这样一来可把餐厅本就繁重的工作量又加大了。餐饮部张雨是个新入职不久、温婉恬静的姑娘，但在疫情面前她挺身而出，主动承担起了为科研人员送餐的重任。张雨每天穿梭在各科研楼宇之间，将一份份热腾腾的美味便当送到各办公室门口，还隔着窗户询问餐食的意见反馈，大家看到她无不微笑称赞。这位把科研人员每餐能否吃好时刻放在心上的“外卖小姐姐”成了这个严冬的一抹暖阳。

帖虎，是一体化服务保障团队的“领头虎”，作为团队负责人的他平时不善言辞、不苟言笑，但关键时刻冲得上去，危急关头豁得出来。帖虎一手托着各单位员工的健康安全，一手托着科研生产保障的责任使命。在他看来，每一个团队成员都是核心力量，只有他们不倒下才能确保每一栋科研楼宇平

火箭院南苑科研区一体化服务保障团队

稳运行。

12月中旬，疫情愈发严重，驻守科研区的团队成员也不断减少。院安全保障部紧急购进了一批保障药品堆满了近百平方米的临时库房，这批重要物资需要团队分发到几十个部门。库房临近风口没有暖气，为减少领药等待时间，帖虎带领只剩下4个人的团队将宝贵的药品分类、清点、填好领用表，在楼道里按部门分别码放。隆冬的北京寒风刺骨，四个年轻人在这样的现场站了一整天，才将这批“生命药”分发完毕。疫情的严重让团队成员不断减少，接近弹尽粮绝，四员“虎将”彼此打气，一定要坚持住，最好都不掉队，哪怕只剩一个人也要履行团队的职责。12月底，队长帖虎还是发烧了，他拖着沉重的身体把自己隔离到设备机房指挥抗疫，确保偌大的科研区稳妥运行。连续奋战伴随持续发烧，让帖虎近乎虚脱，但他凭借着那份赤诚与担当扛起了所有，直到解封。

一夜亮相的网红花坛

挺立的火箭，醒目的标语，艳丽无比的大色块花卉组合……航天日、国庆等重大节日前夕，大家总会惊喜地发现在院科研区各大楼宇广场前添置了造型别致、立体美观的主题花坛。不知从什么时候起，大家也开始期待这次的主题花坛里会有哪一型火箭模型亮相呢？一个个炫酷花坛不仅是气氛组担当，还成了航天科普网红打卡点。

由于科研区日间大型车辆限行，运送花卉的车辆只能凌晨进入。2023年国庆前夕的一个夜晚，科研区办公大楼只剩下闪烁的点点灯光。宋洁和院门口执勤的武警熟络地打着招呼，这个不到30岁的姑娘是现场施工项目“总指挥”。她要在一夜之间完成三个大型主花坛的吊装布置。宋洁长得眉清目秀，但干起活儿来却总是巾帼不让须眉，登梯爬高、搬抬重物不在话下。她仔细对照检查花卉品种与效果图，指挥吊车安装花坛底座，和同事们热火朝天地干了起来。灯光昏暗，宋洁搬运盆栽花卉时一个不注意崴脚坐在了地上，站起来看看手中的花没有受损，还笑呵呵地提醒大家注意安全。一个花坛完工了，她又马不停蹄地协调车辆和人员奔赴下一个场地。

随着一声响亮的“收工”，宋洁和她的团队完成了任务。一夜奋战后，宋洁想抓紧时间回办公室睡上个把小时，因为第二天，她还要参加中国风景园林学会组织的园林绿化工程项目负责人能力考试。考试归来的她发现前夜崴脚的地方已经肿了起来。

保障发射收视的青春坚守

熊宛鹏是火箭发射收视演示岗位一员，也是“前方发射，后方保障”的重要力量。因涉及专用线路及信号源调节，院每一发火箭发射型号任务点火前，熊宛鹏都需要提前三小时到岗进行设备准备与调试，为没能亲临发射现场的院科研人员传递发射场第一手资料。发射任务定在早上六七点钟是常事，所以他总能见到凌晨三四点钟的月亮。

又是一个凌晨三点，到达会场的熊宛鹏发现远程控制设备无法启动，这可是收视演示的关键设备。反复排查后判断是内部电路老化需要维修，可这大半夜的联系厂家怎么来得及。设备坏了但是发射实况必须照常转播！熊宛鹏急中生智决定直接手动开启投影仪。这是一组分别由三个铁架子拔地而起，支在演示大厅半空，近三米高的投影仪。天生恐高的熊宛鹏来不及多想，凭借上肢力量晃晃悠悠地向上攀爬。铁架由角铁焊接而成，没有可以踩踏借力的地方，他徒手爬上爬下，反复三次，终于开启了全部投影设备。大颗汗珠接连从熊宛鹏的额头滑落，他没时间“后怕”便马上投入下段工作的准备中……发射期间，由于控制设备损坏，本可以通过控制面板远程操作的环节，熊宛鹏需要跑到设备机柜旁根据发射流程节点进行手动操作，逐个核对密密麻麻的数据，点对点输入上传，极度的认真确保了每个数据精准无误。

火箭发射圆满成功，操作室外响起热烈的掌声与欢呼声。此时，熊宛鹏悬着的心终于放了下来。他为自己能一次次在满是操作按钮的小房间见证发射成功而感到无比光荣。

万千萤火，熠熠生辉。火箭院南苑科研区一体化服务保障团队是一群站在科研人员身后普通而平凡的青年，他们脚踏实地、仰望星空，怀抱理想、有为担当，只为在护航航天科研生产的光荣之路上绽放最美青春年华！

用航天技术守卫绿水青山

陈晓东，出生于1989年6月，博士研究生毕业后，入职火箭院航天工程公司，主要从事煤气化及新型环保技术研发工作。获集团公司航天创新奖1项，院长征创新奖1项，院科技进步奖二等奖1项，授权专利2项。

他是山西煤乡之子，作为航天煤气化技术创新领域的青年先锋力量，在自己的专业领域得心应手时主动跨出舒适区，勇敢迈向环保新领域，开始航天废盐处理技术研发的新征程，他就是火箭院航天工程公司陈晓东。

扎根项目现场，将“波浪”捋成直线

2018年，从事煤气化理论研究的陈晓东博士毕业，加入航天工程公司，这使他有机会近距离接触到之前只能在文献里读到的“真家伙”，他暗暗立下志愿，誓要将自己的专业知识转化为实践力量，致力于航天粉煤气化技术的研发和创新，为我国的航天事业贡献力量。

第一次参加部门的技术讨论会，他得知公司目前正面临一个技术难题，那就是高碱煤的气化应用。这种煤在气化过程中面临运行波动大、碳转化率低等一系列问题，不仅影响公司的经济效益，而且对装置的安全性也带来极大威胁。

初来乍到的陈晓东博士，面对讨论会上的复杂议题，内心既焦急又迷茫。这时一位经验丰富的前辈察觉到了他的困惑，给予了他宝贵的建议："项目现场是发现问题、解决问题的最前线，研发人员要在实践中提高自己。"前辈的话如同春风化雨，不仅打消了他的疑惑，更为他指明了快速成长的道路。

于是，他抓住每一次现场出差的机会，认真观察、仔细求教，将调研数据与存在问题一一记录，并整理成一份份详尽的调研报告。短短数月，上百页图文并茂的研究报告应运而生，不仅成为了分析问题的有力工具，更为优化改进提供了宝贵资料。

"那段时间做梦都是数据和波浪线，有时候突然一个灵感蹦出来，赶紧爬起来用纸笔记下，生怕第二天又忘了。"陈晓东回忆着当时的情景。经过反复的方案修改、验证和调整，新方案在现场成功实施。"当新方案的粉煤进炉时，一根根'波浪'状的 DCS 曲线全都恢复了平静，标志着气化过程的稳定与高效，改善效果非常明显。"每次谈起，陈晓东都满脸自豪。他带领团队将成功经验拓展至多个煤种，并凝练出《航天炉气化用煤评价及调控方法》企业标准，航天炉多个项目通过专家鉴定，技术水平跃居国际前沿。

转向新领域，"那种夜不能寐的感觉又回来了"

"绿水青山就是金山银山。"陈晓东一直怀揣着绿水青山之梦。2021年，公司做出全力推进"煤炭高效利用、高端装备制造、环保运营产业、绿氢工程技术"四大业务板块协同发展、向着世界一流绿色低碳工程技术公司迈进的重大决策。

陈晓东在实验室

环保板块的确立源自公司对化工行业深耕的积累和航天技术产业实践的敏锐嗅觉：在调研浙江某化工园区时，发现全国化工行业共同难题——化工废盐处置棘手，废盐毒性高、产量大，传统填埋不仅浪费土地，而且隐患极大。公司立即组织团队开展预研，而陈晓东就是预研团队的核心成员之一。

一边是跨专业攻关的重重难题，一边又面临技术竞争的紧迫，一向不服输的他决定“和时间赛跑”。为了尽快验证技术可行性并拿出初步方案，他白天带领团队泡在实验室里探索反应奥秘，夜幕下分析数据、规划次日任务，困倦时，实验桌成了小憩之地，醒来继续征程。就这样，短短一个多月，用坏坩埚上百个。

然而万事开头难，每当陈晓东满怀信心地对处理后的废盐进行测试时，结果却无论如何也达不到预期的效果。“废盐处理比想象中要难得多。”内心虽反复受挫，但航天信念未改，“一定是反应条件还没有找到”。为寻根溯源，他再度陷入夜不能寐的思索中。

功夫不负有心人。陈晓东团队终于攻克难关，找到了影响废盐处理的关键所在，并精准掌握了最佳的反应条件与配比。废盐玻璃化方案得到化工园区和权威环保单位的一致认可，公司“十四五”规划顺势落地，环保板块扬帆启航。

张北小试，“我们也是含泪奔跑的强者”

作为航天民用产业的一员，陈晓东深知，理论突破只是开始，真正的挑战是技术放大和产业化应用，为了早日实现这一目标，他和团队成员丝毫不敢懈怠。

尽管只是小试装置，但“麻雀虽小，五脏俱全”，炉型选择、方案论证、

工业废盐处理青年突击队合影

仿真模拟、设计优化，每一个环节都至关重要。然而“对我们来说，每一项都是全新的课题，但我们深知，关键技术是买不来、求不来的”。为了迅速构建出总体方案，他带领团队夜以继日地探索计算方法，亲手设计图纸；为了掌握反应器关键参数，他和团队沉浸在窑炉设计的书海中，短时间内啃下了大量专著；为了更深入弄清高温熔池的特性，他们自己动手搭建装置，创造条件开展模拟实验。经过半年多的艰苦攻关，第一代样机终于搭建完成。

试验第一站选址在距北京不远的张北县的一个废旧园区里，虽然已是初春时节，但山顶的积雪还未消融。“山区的寒风真是名不虚传，我们把车停在装置附近，冷得受不了了就在车里躲一会。”第一次具备投料条件时已到凌晨，当排渣口打开时，火红的熔渣从渣口缓缓流出。“第一次就实现液态排渣，虽然环境接近零度，但我们的内心却像熔融炉一样火热”，陈晓东回忆道。

正当大家沉浸在初步成功的喜悦中时，测试结果却打破了这份宁静——经过反复严谨验证，废盐的固化率竟远未达到预期。这无疑是一个沉重的打击，它预示着可能要推翻重来。

“强者不是没有眼泪，而是含泪奔跑。”此时，长征五号运载火箭团队的事迹如同一剂强心针，迅速激发了团队成员内心深处的斗志与勇气。于是，陈晓东带领团队集智攻关、不眠不休。经过一次次的复盘和讨论，他们终于找到了问题的原因——反应器的加热方式。

立下军令状，“看到了废盐变废为宝的曙光”

原因找到了，大家更忙了，酷暑难耐却丝毫未能阻挡他们前进的脚步。为了完成任务，陈晓东带领团队一起加班加点、协同攻关，“大家连续两三个月时间，从未按时下过班，也从未休息过一个周末。”第二代样机按时下线，“一年内搭建两台样机，我们完成了一个看似不可能完成的任务”。

岁末之际，正式试验的号角悄然吹响。为了确保试验进度，他们每天吃在现场、住在现场。作为项目负责人，陈晓东更是“忙到飞起”，常常是白天试验，夜里值班。热态试验的现场环境比较恶劣，加上连续工作，试验结束后，好几个队员先后生病了，然而每个人在病倒的前一天，依然坚守工作岗位，设计、计算、优化方案……

装置旁的小白板上一行行列出试验计划，这不仅是科研征途上的“里程碑”，更是团队誓师立下的“军令状”——“日事日毕，每克一砥，逐项销账”。而在白板的另一侧，镌刻着鼓舞人心的箴言：“守安全之基，抢进度之先，铸成功之梦”“攻坚克难，勇往直前，‘行百里者半九十’”。这字字句句，映照出试验团队彼时最为坚定的信念与决心。

一分耕耘，一分收获。当废盐在炽热的熔炉中翻腾淬炼，当火红的熔融玻璃从炉子里缓缓流出的时候，“我们看到了废盐变废为宝的曙光”。第二轮试验达到了设计要求，并且稳定性、能耗等多个指标都优于第一代装置，他们又打响一场成功的“核心技术攻坚战”。2023 年 9 月，航天工程公司牵头申报“十四五”国家重点研发项目，在得到成功获批的消息时，陈晓东的心中平静而自豪。

勇于担当、大力协同是陈晓东和他团队的真实写照。他们的航天废盐综合利用成套技术方案节能增效、变废为宝，填补了国内空白，在奋斗的征程中写下了浓墨重彩的青春诗歌。

绽放在用户一线的红玫瑰

曹萌，出生于1987年7月，硕士研究生学历，现就职于火箭院装备综合保障中心，主要从事外场保障综合管理工作。获集团公司装备综合保障先进个人，院长征奖先进团队成员，院优秀共产党员等荣誉。

“一定要到用户一线去！”这是院装备综合保障中心外场保障主管曹萌从事外场售后服务保障工作时一直坚持的原则。作为团队里唯一的女性，外表秀气文静的她却是风风火火的性子，用户有问题、有需求，她说走就走。带队解决问题时，她迅速反应、积极沟通，成为用户眼中的“萌萌姐”、兄弟单位眼中的“萌主”，同时她也在深入一线的过程中发现新的经济增长点。她就像是一朵扎根用户一线的红玫瑰，绽放在售后服务保障现场。

用户有需求一刻不耽误

“你好，我们这儿有个设备出现点儿故障，能来个人给看一下吗？下周一就得用了。”一个周五的下午，这通电话让本就在外地出差的曹萌又多了一项任务。与用户核对彼此的行程后，曹萌发现大家只有周五晚上有时间，

曹萌

于是她又来了一场说走就走的出差。

下午接到电话，曹萌晚上就出现在用户处，速度之快连用户都惊讶。“先把问题解决了再吃晚饭。”顾不上吃饭，曹萌让用户先带她到现场解决问题。发现是操作不当导致的问题后，她一直悬着的心才放下来。第二天，曹萌又坐早班飞机回去继续出差。

“用户演练和试验等不起，我们做售后服务保障就是要第一时间解决他们的问题。解决问题最好、最快的方法就是当面沟通，眼见为实。”这是曹萌做售后服务保障的原则。为第一时间解决问题，她的行李箱总是收拾妥当的，时刻准备着出发，她甚至给自己定下重点项目所有问题必须 1 小时内全部解决的原则。

数月奔波万里提升设备性能

2022 年下半年的一个深夜，耀眼的车灯和车辆发动机的“隆隆”声打破了夜晚的宁静，外场售后服务保障团队到了。在这个由五湖四海几十个厂家人员组成的团队里，曹萌是领队也是唯一的女性。确保团队成员的行程码都是绿码，又安顿好大家的住宿后，她才放心去休息。

这次紧急保障任务涉及全国各地用户，配套单位很多，而且当时疫情防控要求严格。售后服务保障团队成员从全国各地汇聚在一起，曹萌作为领队不仅要按时保质完成任务，还要保障团队成员健康。为此，她提前出发，沿途了解各地疫情防控措施，确保团队成员都能按时到达。

在长达 3 个月、累积近 1.3 万千米的奔波中，面对艰苦恶劣的环境及枯燥的隔离，曹萌以身作则将大家凝聚在一起："我是女性，也是两个孩子的妈妈，我相信我能克服的困难，在场各位只会比我做得更好！在今后的日子，我与大家同在。"

与大家吃在一起、住在一起、干在一起，曹萌不但带队出色完成了保障任务，提升了设备性能，还因多年售后服务保障工作里雷厉风行的工作作风、细致贴心的日常关怀，成为用户和团队成员都认可的带队人。

推广新保障模式发现新商机

类似抽血体检的"油液健康系统"能替代人工的快速清洗设备，这些用户在用、在研的新系统新设备都是曹萌在售后服务保障过程中，从用户无意间提及的一两句话里发现的新商机。

汽车维修和保养要去对应的 4S 店，装备综合保障中心也将这一模式运用到售后服务保障中。他们建立起"售后保障 4S 店模式"，化被动为主动，向用户讲解定期维护与保养设备的重要性，也为院带来了新的经济增长点。这一过程中，曹萌用女性独有的细致，敏锐地抓住用户对设备维护保养的需求，并第一时间将需求发给院相关技术研制单位，将商机牢牢把握在手里。

新售后保障模式的推广让曹萌和同事们的行程更加忙碌，但曹萌享受并热爱这份忙碌。敏锐捕捉用户需求，是曹萌十几年如一日在跑一线的过程中积累和锻炼出来的。第一时间响应用户需求，奔波万里实地提升设备性能，到一线去的每一步都让曹萌对用户的了解更进一步。回京短暂休整后，曹萌又带领着她的售后服务团队出发了。到用户一线去，曹萌正和同事们为用户每一次产品使用提供全力保障；把根扎得更深，他们不断挖掘用户深层次需求，用新的售后服务为院不断开拓经济增长点。

做内核强大的网络信息安全卫士

侯路，出生于1994年6月，硕士研究生毕业后，入职火箭院北京航天万源科技有限公司，主要从事航天网络空间安全技术研究及型号工作。获集团公司航天青年模范奖，院科技进步奖一、二等奖，院突出贡献技术人员，院党员创新先锋岗，公司劳模及最美精气神等荣誉，发表论文4篇、发明专利8项、软件著作权3项。

深耕信息安全技术，密切关注新形势，建设信息安全检测实验室，保障领域入网安全……面对国家对网络安全的新要求，侯路勇于引领创新，带领团队创造出具有核心竞争力的网络安全产品。侯路身边的同事，对他富有感染力的笑容印象最为深刻。大家这样评价他："无论面对什么样的困难和瓶颈，他总是带着自信的笑容，充满正能量，从容睿智地应对挑战和困难。"

面对俄乌冲突爆发，他紧密关注战争新形势，建设信息安全检测实验室，保障领域入网安全。面对国家对网络安全的新要求，他立足创新，锻造一个个网络安全产品。无论面对什么样的困难和瓶颈，他总是带着淡淡的微笑，虽然年纪轻轻，却稳妥可靠。

“笑”研技术，打造“内生安全”产品

在公司大力发展网络信息安全之初，队伍专业经验少、人员少，作为专业负责人，侯路既是“指挥员”，也是“战斗员”。面对多个紧迫重大任务，面对全新领域，他合理安排技术研究、知识储能时间，晚上自己捧着专业书籍和期刊埋头苦读，白天找领域专家讨论，再总结提炼，转换成适合团队的知识体系输出给组员。经过一点点打磨，公司信息安全专业很快驶向了快车道，并且迎来了重大突破——“内生安全”产品，赋能火箭院多个任务，关键技术获得院科学技术奖一等奖，形成3项软件著作权和8项发明专利。“内生安全”产品聚焦于系统业务威胁检测层面，有效提升了系统防御能力，是

侯路

火箭院由交付产品到交付能力转变路上的重要基石。

“航天技术是一种威慑力量。”作为新时代航天青年，侯路对此深有感触。2022 年，为加强公司网络信息新主业核心能力持续深耕，侯路在公司领导的支持下建立信息安全检测实验室，组建专业团队。在院总体的牵引下，基于“内生安全”前端产品，孵化“内生安全”后端产品，实现规模化前端产品的统一管控，硬件方面完成新国产化平台的适配，实现“内生安全”产品的定制化改造，将安全检测技术与业务系统实现了完美融合。

2023 年，面对国家网络安全愈发紧张的形势以及新标准、新要求，侯路继续深入研究市场需求和技术趋势，立志一定要做出与业务紧密耦合的一款防火墙。他积极与国内优秀厂商合作，组织团队开展大量技术攻关和试验验证，研发出了万源科技新一代防火墙——万源网信防火墙，用于网络安全防御，为加强网络安全保障筑起了铜墙铁壁。

“笑”对艰苦，做苦干实干的新青年“践行者”

对侯路来说，到条件恶劣的地方出差是常有的事情，许多别人看来很苦很难的事，在他看来却“不是什么新鲜事”。

“出差住在集装板房不是什么新鲜事”“水土不服不是什么新鲜事”……这些“不是什么新鲜事”的背后，是侯路面对困难的坦然和对工作的高度责任感。面对艰苦环境，侯路选择用笑容去面对，保持着乐观的心态和昂扬的斗志。他说：“笑是战胜自我最有力量的方式，也能带给身边的同事们更多的正能量，让大家坚信，我们每个人都能做战胜困难的‘赢家’。”

侯路的乐观和坚韧不仅体现在他的笑容和言语中，更体现在他的行动上。

在侯路的字典里，没有“退缩”二字。他深知，只有不断修炼“内核”、迎接挑战，才能立足新技术潮头，不断实现新目标。

“笑”带团队，打造最具战斗力的青年突击队

侯路的标志性笑容，向团队成员们传递着乐观积极的工作态度，在他的带领下，团队变得更加团结积极，他们相互鼓励、相互支持，坚定地渡过了一个又一个难关。

“我们能做好的工作，就必须要做到完美。”侯路非常注重全系统的质量管理。在他看来，航天工作的根基是符合标准与规范，所以他尤其重视培养团队成员的质量意识，定期开展标准解读，带领大家学习规范文件，把工作的规范性作为重中之重。他常常与团队成员讨论、沟通、共享和复盘质量管理工作的方法和经验，建立健全了相关项目的全流程管控机制。侯路还特别注重运用实际工作中的案例进行质量意识培养。无论多么枯燥的内容，都能在他深入浅出的讲解中变得生动形象。团队成员们介绍，“大家常常在欢声笑语中就收获了新的知识，找到了新的工作目标。”

对于团队里的年轻“苗子”，他更加重视，从严培养。他常对大家说，“年轻人一定要有追求完美的劲头，养成严谨细致、精益求精的工作作风。”侯路对团队负责的每项工作，不论大事还是小情都有着严格的标准和要求，不放过任何一项工作细节。即使小到交付时的包装箱上贴的标识，他也要逐一核对信息，确保万无一失。每当看到年轻的同事认真细致地完成工作时，侯路都会露出欣慰的笑容，向他们竖起大拇指，并给予充分的肯定和鼓励。

在侯路的带领下，“质量过硬”成为了这个团队的名片。团队在历次重

要任务中，按时圆满地完成各项质量保障任务，成为了大家心目中对标看齐的榜样。“受得住考验，撑得起责任，扛得住压力”，团队也得到了客户的高度认可和赞誉。

重大领域拓展、重大技术攻关、重大成果突破……在网络信息技术这条新赛道上，万源科技公司正在不断加速、奔跑跨越。侯路正带领一群年轻的冲锋者，微笑面对困难挑战，跑在最前面。

中国航天
CZ-8

第三篇

青春磨砺　埋头苦干

篇首语

青年时代，选择吃苦也就选择了收获，选择奉献也就选择了高尚。

——习近平

苦难成就辉煌，困难磨砺青春。习近平总书记指出：“年轻一代要继承和发扬吃苦耐劳、自力更生、艰苦奋斗的精神，摒弃骄娇二气，像我们的父辈一样把青春热血镌刻在历史的丰碑上。”60多年来，一代代火箭青年在党的领导下，经受住了生与死、苦与乐、得与失的各种考验，从来没有被困难压垮。能吃苦，成为支撑一代代火箭青年茁壮成长的宝贵精神财富。无论是在茫茫无际的戈壁荒原，还是在人烟稀少的深山峡谷，他们忍受着风沙的侵袭、荒芜的寂寞，与天为伴，与地为友，斗风雪、战严寒、扛酷暑，克服了难以想象的困难挑战，经受住了生命极限的考验，吃下了奋斗之苦，收获了成功之甜。实践告诉我们，无论过去、现在还是将来，艰苦奋斗永远是我们战胜一切困难、夺取事业胜利的重要法宝。

艰难困苦，玉汝于成。人类的美好理想，都不可能一蹴而就，都离不开筚路蓝缕、手胼足胝的艰苦奋斗。能吃苦展现的是一种刚健自强、百折不挠的品格，是一种不惧困难、甘于奉献的精神。新时代的火箭青年生逢中华民族发展的最好时期，拥有更优越的发展环境、更广阔的成长空间，尤其是拥有了更好的生活条件，但肯吃苦、能吃苦的优良传统不能丢。进入新时代，火箭青年虽无需吃生活之苦，但依然继续埋头苦干，在勇闯航天科技无人区中吃攻关之苦、孤独之苦、深思之苦，为解决世界领先关键核心技术，甘愿坐冷板凳，把心中苦闷化作无穷力量，实现了一次又一次技术重大突破。在长期出差执行任务中，吃分别之苦、焦虑之苦、纠结之苦，为完成国家重大工程任务，顶住压力、冲锋陷阵、扎根一线、忘我工作，只为心中的梦想，为国铸剑，守护盛世太平。

宝剑锋从磨砺出，梅花香自苦寒来。在航天传统精神、“两弹一星”精神、载人航天精神中，吃苦都是航天精神的重要内容，一代代火箭青年也用无数事例表明，青年人要成长为堪当大任的人才，必须经过一番艰苦磨炼，要想成就一番事业，必然要在磨难中历练。青年只有把艰苦环境作为磨炼自己的机遇，把小事当成大事干，增强想吃苦的自觉，壮大敢吃苦的胆识，磨砺能吃苦的品质，把困难当财富、把吃苦当收获，勇于到条件艰苦的基层、科研生产的一线、项目攻关的前沿，经受锻炼，增长才干，才能创造一流的业绩，成就属于自己的精彩人生。

温室大棚养不出参天大树，风雪磨砺方能成就松柏挺立。练就过硬本领不是轻轻松松、随随便便就能实现的，必须能吃苦、敢拼搏。新时代的火箭青年生逢盛世，要敢于吃苦，在吃苦中锤炼意志、强壮筋骨、历练能力、提高本领，继续发扬艰苦朴素的优良作风，以奋发有为的精神风貌不断开辟事业发展新天地。

用勇毅坚韧书写空天新篇章

驯火牧天团队来自火箭院总体设计部，是一支奋战十余载、开拓新领域、谱写新篇章的荣耀团队，他们深耕航天器重复使用技术领域，用勇毅和坚韧顽强坚守、奋勇拼搏，探索出新型航天器总装总测、试验实施、返厂维护新方法，实现我国可重复使用试验航天器首飞任务圆满成功。

大国重器，使命担当。这是一支不畏艰难、敢打敢拼、敢于担当、无私奉献的队伍，他们刚健自强、百折不挠，十三年栉风沐雨，十三年摸爬滚打，他们以干在实处、走在前列、勇立潮头的奋进姿态，为创新项目研制奋力拼搏，为关键技术攻关贡献智慧，用火热的激情、扎实的技能、勇毅的担当，诠释了新时代航天人不畏艰难、勇担使命、为国铸剑的航天精神，在航天强国建设路上，创造了我国空天技术新篇章。

事非亲历不知难　成如容易却艰辛

项目总装工作极其复杂，相比院传统型号，产品内部空间极其狭小，装填密度极其高，操作空间极其有限，总装流程高度耦合，参与总装的单位多，协调关系极其复杂，此外还有大量没有干过的总装科目，需要他们摸着石头过

驯火牧天团队

河。在这种情况下，要确保按时出厂，必须在一年内完成三次总装工作，时间紧、任务重、难度大！

面对这样艰巨的任务，黄喜元作为总装工作技术负责人没有退缩，而是带领团队用航天人的勇毅、担当与奉献，向组织交了一份满意的答卷。由于总装技术难度太大，加上无论技术、工艺还是工人师傅都是第一次干，每天总装现场都会出现很多意想不到的问题，这些问题或者是总装流程不合理导致某个产品安装好后后续产品无法安装，或者是产品由于空间太小存在几毫米的干涉需要处理，又或者是计划无法按期完成需要重新排定总装计划……总之，挑战前所未有！

为了抢进度保质量，产品总装的一年之中，他们没有周末，没有节假日，他们与时间赛跑，24 小时轮流守在现场，创下了连续 80 余天 7×24 小时超常工作的纪录。很多时候，他们晚上加班一整夜，上午眯一两个小时下午继续工作。一年中，团队成员没有一个掉队，没有一个怕苦怕累，正是 300 余天的日夜坚守与攻关，他们攻克了 200 余项技术难关，顺利完成多系统耦合的装配流程设计，完成了 5 万余项总装技术状态的多方确认。正是他们不畏艰难，用饱满的干事热情和一丝不苟的工作精神，才确保了产品总装质量，为项目成功首飞奠定了坚实基础。

总测一岗由设计师担任的情况在院型号项目中很少见，但空间飞行器测试在其他单位都是由设计负责的，因此责任自然而然落在了研制技术队伍中，这不仅要求技术队伍要在出厂前完成好产品的测试工作，还要在发射场完成好测试工作。第一次担任发射场大系统指挥，谁都难免有些紧张，但冯忠伟和他的电测团队却特别从容。这份从容，来自于他们较好地完成了出厂前及发射场各方面工作的自信，来自于他们做好了射前预案充分准备的底气。他们将成功作为检验工作的唯一标准，按照载人航天、重大型号、首飞型号的标准要求，把每一项工作精细策划好、落实好。在发射场，他们细致梳理测试工况，认真准备试前文件，认真检查加电状态，认真判读测试结果，认真分析设备加电时长，认真演练射前预案，认真与基地负责同志技术交底，不放过任何一点异常，不留下一丝隐患，高质量高效率完成产品各项测试与合练工作。正是他们凭着这种极其认真的工作态度，才确保了产品测试覆盖质量可靠，圆满完成了我们自己将产品发射入轨的任务。

路虽远行则将至　事虽难做则必成

崭新的项目，崭新的出发点，区别于院传统项目，项目除了靶场总装总测外，研制队伍还要长期在轨跟试，在面临新项目、新技术、新环境、新人员等多重考验下，满益明带领青年员工们勇敢地站在了任务需要的最前沿，从春到夏，从秋到冬，从开始的准备到任务序幕的开启，再到完美的谢幕，452 天全情投入，他们用严谨的工作态度、扎实的专业技术、忘我的奉献精神，圆满实施了既定规划的全部试验科目，实现了多个从 0 到 1 的突破，铸就了项目首飞的圆满成功，积累了丰富的新型任务经验，建立了一套有特色的新型任务实施技术流程。

在这个团队中，有对外协调的“外交官”，有任务程序编排的“总编剧”，有坚守实验室的“场外导演”，他们在不同场地以不同角色共同书写了“有志者、事竟成”的豪迈诗篇。

张声艳是与外部打交道最多的“外交官”，她凭借扎实的专业知识，在各类技术协调中，不惧权威，不卑不亢，用个人的技术实力化解了团队经验少、面临难题多的困境，实现了任务实施过程中与外部的顺畅沟通，为任务圆满实施提供了有利条件。

朱红是任务程序编排的“总编剧”。针对任务剖面新、多专业耦合约束强、设计工况复杂的特点，她积极探索设计方法，编制了千余页程序设计文档，覆盖任务正常与故障工况。她关注每一个设计细节，为了确保任务顺利实施，她详细梳理每项任务的风险点、关键点；她关注每一次动作，每次动作前她都要在脑海中反复演绎，以确保任务实施各个环节都按预期执行；她关注每一次状态转换，状态转换对任务实施至关重要，每次状态转换前她都要和每一个相关方做好技术交底、沟通确认，最终实现所有状态一次转换到位。

丁琳是坚守实验室的“场外导演”，她开辟的平行验证“第二战场”，肩负着流程演练、联调联试、岗位协同、故障应急处置等支撑任务实施的重要使命。她长期坚守在一个铺满设备、不到 50 平方米的实验室中，精心准备每一次演练，认真对待每一项预案，实现了任务预演与平行推演无缝切换，以“场外导演”的方式助力每一个任务顺利实施。

十年铸剑终出鞘　一战成名永不悔

产品安全返回是任务圆满成功的必要条件，因此气象预报、地面站台、回收处置等地面保障是取得圆满成功的关键要素。曹晓瑞作为现场技术负责人，先后带队多次赶赴大漠深处，经历了戈壁滩可将大地冻裂的严寒与将转运车轮胎熔融的酷暑，通过2次合练，全面确立了地面回收技术基线；产品正式返回前，他再次带领试验队提前进场，从历年气象数据到返回路况，对技术状态进行全面复核、确认，不放过一丝一毫可能影响返回的因素，确保以完美的状态迎接产品返回。

陈永强作为现场“01指挥”，是产品返回后首批抵近的“先锋”及外场指挥。为确保回收工作有条不紊，他在联合演练之外，还充分利用业余时间熟悉回收流程与口令，确保对流程烂熟于胸。在产品顺利返回后，这位伴随型号诞生与成长全过程的航天老兵也难以抑制内心的兴奋与紧张，用略显嘶哑的声音喊出了“车队出发”口令，带领回收队伍有序抵近产品，一丝不苟地完成产品回收任务。

郎鹏飞作为电气指挥，对地面站台技术状态及产品回收的电气操作负全面责任，产品返回当日，对于已演练无数次的地面站部署工作，他还是不放心地赶赴2个站点进行逐一状态确认；面对突发情况，他沉着应对，冷静处置，确保地面站台为产品提供可靠的信号。产品返回后，他作为电气指挥，圆满完成了产品返回后的关键工作，为火箭院建立产品回收安全规范提供了重要数据。当看到产品现场处理达到安全标准后，连续高强度工作17个小时的他终于放心地脱下了防护服。

宝剑锋从磨砺出，梅花香自苦寒来。在大国重器研制的漫漫征途中，沟沟壑壑，坡坡坎坎，屡见不鲜，难以想象，只有亲历者才有深刻体会。在完成产品现场处置之后，他们又火速投入飞行试验结果分析和性能评估工作中，继续闯荡空天技术的“无人区”。正是这份不忘初心的航天报国情怀和为国铸剑的崇高理想，支撑着这群青年们迎难而上，不断超越自我，勇毅奋进，攀登“前沿高地”，创造和书写了空天辉煌新篇章。

善战见行动　善赢有作为

精武青年团队来自火箭院战术部，平均年龄33岁。这支航天生力军牢记习近平总书记殷殷嘱托，勇于创新创造、敢为人先，锚定强国强军目标，将青春融入民族复兴的壮丽奋斗中。

市场广阔、产品好用、竞争全面、状态多元……新时代，领域形势加速变化，带来新要求、新挑战。开辟新赛道，是火箭院战术部发展面对的重要课题。当前，一场“转型之战”正在火箭院战术部如火如荼地进行着。“善战善赢、唯精唯一”，火箭院战术部精武青年团队喊出响亮口号、亮出实干行动，以志在必得的决心，全力以赴、创新争先，誓将这一仗打得漂亮。

求实求效，降成本有新招

在院近期一款新型号产品总体方案设计工作中，使用了精武青年团队自研开发的一款产品信息与优化选型平台。设计团队在设计前期就明确了这款产品的成本价格，制定了低成本设计方案，最终顺利中标。

以“用得起”支撑新时代强国建设，是精武青年团队立足新发展需求提出的更高目标和追求。他们坚信，只有切实降低产品成本，才能让更多的先进型号产品走向竞争、赢得竞争，为开辟新赛道提供有力支撑。

为了实现这一目标，精武青年团队骨干自发组建了突击队。工作之余，他们深入研究产品优化选型、基于大模型的智能化推荐等开创性功能的实现方案，创新思路、自主研发了这款产品信息与优化选型平台，实现了对产品信息的全面收集、分析和优化，在设计起步阶段，为设计团队提供更加精准的成本预测和选型建议。

开发这款平台的负责人小刘介绍，精武青年团队对产品成本构成进行了充分且深入的调查研究，对原材料、生产工艺等进行了细致的分析考量，确保制定出科学合理的成本控制方案。这款平台不仅引进接入了院的原材料、元器件成本价格数据，还录入采集了几十万条相关元器件参数、成本数据，能够提供丰富的历史型号竞标设计方案的相关参数数据和成本价格参考。

最近这款平台成功入选了集团公司“成本可知可视样板间”，还推广到多个竞标型号产品设计团队中开展试用，获得了设计师们的广泛好评：“这个平台是产品选型的‘好帮手’，不仅为我们开展低成本设计提供了重要参考，还提升了设计效率，从而进一步提高了我们产品的可靠性和竞争力。”

降成本，求实求效亮实招，精武青年团队用他们日益高涨的创新热情，不断探索和实践，推动低成本设计落地落实，为中标奠定了坚实基础。

从严从精，拓产品有成效

新质结构设计，是带动更多新材料、新产品、新项目研发和应用的重要因素，是有效解决新一代领域产品适应复杂使用环境、多样化功能性能要求等严苛条件的重要途径。这个研究方向让精武青年团队看到了广阔的创新空间，他们当仁不让、快速行动，发挥创新实力和专业能力，全力以赴投身探索研究。

牵头攻关，破解复合材料的应用难题，为新产品大幅减重；精细设计，运用点阵结构 3D 打印新工艺，为设计工作提质降本增效……精武青年们承担着结构系统的研发工作。2023 年，他们充分发挥专业牵引作用，积极挖掘先进材料工艺，推动领域产品的新质结构设计，取得了不小的成效，一批研究成果吸引了领域伙伴的密切关注。他们还成功组织承办了领域先进结构及精益成本技术论坛，牵引带动新材料、新结构、新产品设计理念的创新应用和发展。

精武青年团队合影

“在开展好相关研究工作的基础上，我们还积极促进参与团队与不同领域科技工作者的跨学科交流，希望碰撞出更多思想火花，在学科交叉融合上创造更多可能性。”负责人小赵介绍。两名精武青年还参加了2023年北京市科协第二十四届青年学术演讲比赛，站上更高平台介绍团队相关研究成果，展示团队风采、提升行业影响力。

从严从精，不断追求卓越，是精武青年团队始终秉持的理念。在团队成员的共同努力下，多款新型号产品研制工作高质量、稳步推进，得到了合作方、用户方的高度评价。

向新向强，谋发展提思路

“结合对近期国际重大事件的观察和思考，我觉得我们后续产品的设计

精武青年团队开展专题研讨

和研发一定要充分结合对国家经济水平和工业能力的考量，不能为了追求技术的新颖性而忽视了对国家实际情况的响应。”

“我们要进一步推动产品的升级换代，既要注重产品的创新性和前瞻性，也要思考产品的商业化空间，进一步提高产品的核心竞争力，打造多元化优势。”

……

在“精武研究小组”里，精武青年们分析国际经典案例、研究国际安全形势，拓展创新视野，研究强国道路；在“繁星计划”项目中，精武青年们探索未来智能化、信息化产品应用新模式，畅想如何打造新质生产力，为高质量发展出谋划策；在“精武沙龙”上，精武青年们定期交流研讨、碰撞创新创意；通过参加“名师讲堂”，精武青年们倾听行业内外专家学者授课，深入了解用户需求和市场变化，进一步贴近用户需求，拓展高层视野。

一段时间以来，火箭院战术部的精武青年结合各自兴趣、专业组成了形式多样的课题小组，开展了形式多样的“集智献策”活动，引发了人人思考、人人出力的热潮。负责人小王介绍，“这不仅是一种智慧的碰撞，更是团队精神的凝聚。随着活动的深入开展，越来越多的青年加入进来，大家不仅在专业领域提出了一系列有见地的建议，还积极为领域发展等方面出谋划策，让各专业的工作焕发出了新的活力。”

谋发展，向新向强出点子，精武青年团队紧盯前沿学科技术、深研制胜机理、提高科技运用能力，为科技创新凝聚青春智慧，坚定更好服务新时代强国建设、开辟新赛道的信心和决心。

勇当航天物资先行者

危金卓，出生于1992年12月，硕士研究生毕业后，入职火箭院物资中心，主要从事型号物资管理工作。获集团公司采购供应工作先进个人、院突出贡献个人、院产业突出贡献个人、院党员创新先锋岗等荣誉称号，获院管理创新一等奖1项，三等奖2项，发表相关论文10篇。

在航天物资供应管理中他深耕细作，务实创新，于行动中彰显当代青年的青春本色，一如既往传承弘扬航天精神，在努力实现航天强国梦的征程中砥砺前行。

敢挑战、能吃苦，供应能手独当一面

“物资供应很简单，不过是做‘买卖’罢了，高中生就能干。”2017年入职时，偶尔听到这样的声音，危金卓有些失望和迷茫。但随着工作深入，他逐渐体会到这项工作的“不简单”，不仅要吃透技术标准、熟悉物资属性和掌握生产节奏，更要研究供应规律、清楚型号需求进度和具体使用环境等，起码得具备半个设计和工艺的专业能力。

明确了努力方向，危金卓开始了吃苦之旅。以他主管的涂料类物资为例，全院型号通用关键涂料包括烧蚀隔热涂料、四防涂料等共计 120 余种，且属于危险化学品，具有保管期短、运输和储存条件苛刻、配套关系复杂等特点，是物资供应的“老大难”问题。危金卓接手后对自己说，“我就不信，我偏偏喜欢啃硬骨头！”他在老师傅的指导下，仔细剖析涂料供应链条，为了更好地了解各方供应流程和物资实物属性，他利用业余时间学习专业知识，经常到库房了解实物情况，确保理论与实践更好融合，通过多看、多想、多干，最终摸索出“年度需求统筹供应模式”，通过向供需双方延伸，以环形流动、

危金卓

交互协作模式，不断调整供应节奏，最终供应及时率由2018年的60%提高至2022年的96%，不仅做到精准供应，且全面消除了超期积压报废风险，每年节约成本上百万元。

“方向对了就铆足劲干，结果总不会差”，危金卓常常如是说，正是他这种爱琢磨、敢拼搏的劲头，让他逐步成为了岗位能手，“小危来帮一下”也成为办公室里最多的声音。在以“长五复飞”“长八首飞”为代表的靶场物资任务保障工作中，面临着时间短、任务重的严峻形势，危金卓多次主动前往生产一线，加班加点逐条分析、确认物资进度，每次危化品物资交接必定前往库房逐项确认实物状况，确保靶场物资安全交付。在紧急“救火”了几次后，他并没有沉浸在成功的喜悦中，反而提出了一个问题：“为什么供给靶场的就一定是急件呢？”为此，他深入调研靶场物资配套流程，从车间库管到型号设计挨个咨询、请教，从系统需求延伸至型号配套表，建立了靶场物资信息共享机制。同时，他利用大数据分析靶场物资供应规律，创新性提出了供应风险评估方案，将126项靶场物资供应风险数字化。凭借着一股钻劲儿，最终实现60%以上的靶场物资库存直供，单发靶场配套物资采购成本降幅16.2%，2022年降低成本504万元。

正是因为那股埋头苦干的狠劲儿，许许多多的供应难题被危金卓逐一突破，他始终相信“成功不是将来才有，而是从决定那一刻起，抓住机会、持续积累，不断拼搏而成”。

抗重压、勇争先，保供达人逆风扛旗

疫情期间，如何精准制订生产计划、提前抢夺物资现货、协调厂家生产运输、确保物资安全供应，成为制约型号物料齐套的最大难题。作为物资主管，危金卓在疫情期间“0”外出、2022年全勤上岗，有时甚至同时做五六个被隔离同事的替岗，“有事找小危”再次成为大家的口头禅。

以2022年3月上海疫情为例，持续时间长，波及供方多，物资供应风险进一步升级。凭借着在疫情一线长期奋战的经验，危金卓立即组织团队第一时间对接上海地区各生产厂家，抢先预订现货资源，为院型号物资建立了一个“60天安全蓄水池”。封城期间，上海生产厂家基本“停摆”，但危金卓没有“认命”，他主动了解当地防疫政策，积极协调厂家与当地政府沟通，紧急安排以108硅橡胶、F-46树脂等为代表的重点型号物资复产、运出，全面保障了上海封城期间有关物资供应，确保了型号任务未因物资问题受影响。

当时，在疫情和保供的双重压力下，危金卓总是迎难而上，从不退缩，他总说“让我来，我年轻身体好，干就完了”，略显争强好胜的外表背后，实则是一颗航天报国赤子之心，也在不断用实际行动阐释什么是“航天物资先行者”。

善创新、重服务，回款标兵勇挑重担

对物资供应工作来说，回款是绕不开的难题，也是全院“两金”清理的重点。危金卓不仅在供货上是个一把好手，回款上更是能手。“你要是写风，你就不能只写风。”在危金卓的工作思路里，回款一直都不是单纯的一遍遍和用户对账要钱。

面对年底集中回款问题，他主动对接，配合客户做好全年资金预算，将回款分解至月，制定详细结算计划，为全年均衡结算奠定基础；面对单据繁多、客户个性化要求多问题，他主动提供个性化结算服务，逐项核对对账清单和课题号，确保精准定位；面对回款现金占比不高问题，他定期走访客户，积极协调客户及时调整预算，有效提升回款质量；面对付款流程长问题，他逐个节点跟进审批流，针对异常款项及时上报，查找原因协调解决，直至款项到账。

系统性策划与跟进，用心沟通与服务，使危金卓与客户间建立了彼此信任的战略合作关系，付款周期由24天缩短至10天，回款及时率由73%提升至92%，回款现金占比由22%提升至55%。当有同事调侃“小危的命好，负责的用户回款爽快”时，危金卓微微一笑，真诚地回答：“只要我们能把用户的需求当成自己的需求，努力做到优质的服务，用户自然能够在回款时也帮助我们。”也正是这种把工作做到极致的态度，使危金卓成为物资供应工作中的青年模范。

“少年当有凌云志，万里长空竞风流”，危金卓肯吃苦敢创新，迎难而上解决物资供应难题，今后他将继续保持航天报国初心，不负航天强国使命，在航天强国建设新征程上闪耀青春的夺目光彩。

要做就做引领者

李想，出生于1987年3月，硕士研究生毕业后，入职火箭院北京航天自动控制研究所，主要从事软件评测、测试方法与工具研发工作。获院突出贡献技术人员，院优秀党员等称号。

在航天事业的浩瀚蓝图中，软件评测犹如一颗璀璨的明星，闪耀着独特的光芒。它是院型号软件产品出厂前的最后一道关卡，是确保产品质量的重要屏障。在这个关键领域里，北京航天自动控制研究所软件评测中心始终走在前列，不断探索新技术与新方法，拓展软件测试的边界。而在这个充满挑战与机遇的舞台上，有一位技术专家以其卓越的贡献赢得了同事们的一致赞誉，他就是李想——大家心目中公认的“领路人”。

扎根技术岗位十余载，李想用一项项技术成果为院型号软件产品的高质量保驾护航，以实际行动诠释了他对科技创新工作的热爱和坚守。他的故事，不仅是个人奋斗的缩影，更是整个软件评测中心不断进取、勇攀高峰的真实写照。

在技术探索中先行

“如果我们在新技术的探索方面滞后，那么就会在越来越繁重的测试任务面前‘掉链子’。”这句话道出了李想对技术创新的深刻理解。在软件评测领域，测试效率和质量的压力与日俱增，这要求技术人员必须不断探索新技术和新方法来提升软件测试能力。

李想对此有着敏锐的洞察力。他深知，只有持续学习，才能在瞬息万变的技术浪潮中立于不败之地。因此，他对软件领域的新技术新方法始终投以高度的学习热情和关注。即使在繁忙的工作之余，他也会挤出时间研究试用新技术，并将一些国内外好用的新技术引入日常工作中。

这种不懈的探索精神在软件版本管理工作中得到了充分体现。在日常工作中，李想发现不同型号产品的软件版本各不相同，管理工作较为繁琐，存在影响软件评测整体工作进度的潜在风险。面对这个问题，李想没有选择安于现状，而是主动寻求解决方案。

他利用业余时间，对比试用了多种软件版本管理工具，最终选定了 Git 版本管理工具。但李想并不满足于简单地引入新工具，他进一步对其进行了优化改良，使之更加适用于航天型号软件产品的管理工作。这一举措大大提高了软件版本管理效率，为院型号软件产品管理工作的高质量发展奠定了坚实基础。

李想的创新思维在地面软件测试过程中再次得到了展现。他敏锐地发现，传统的软件状态监视和操作方式需要人工进行实时监控并手动调整，不仅占用了软件测试人员大量时间，还容易出现效率低下的问题。面对这一挑战，李想提出了一个大胆的想法：“为什么不能用自动化工具进行替代呢？”

带着这个问题，李想开始了新一轮的技术探索。他想到了自己曾经研究过的“Lua 脚本语言”，认为这可能是一个理想的解决方案。经过深入研究和反复试验，李想成功地将 Lua 脚本语言引入测试工作中，并设计了灵活的扩展和定制功能。这使得被测软件的状态监视和操作可以通过几条简单的脚本轻松实现，极大地提升了测试人员的工作效率。

李想

“老的工作方法固然稳妥可靠，但我更希望通过自己的探索和研究证明新技术一样管用，甚至更好！”李想的这番话，既体现了他对创新的执着追求，也展现了他勇于挑战、敢为人先的精神。

在创新应用中领路

李想的创新不仅体现在对新技术的探索上，还体现在对现有技术的深度应用和创新上。他常常思考：“现有技术的优势在应用过程中有没有得到充分发挥？”“如何才能让现有的技术更加广泛地应用于更多场景或领域？”这种不断思考和探索的态度，使得李想在成熟技术应用创新方面也取得了显著成果。

作为长期承担地面软件测试环境搭建与维护工作的技术骨干，李想深知地面软件形式复杂，给工作人员们带来了繁重的测试环境搭建任务。打造一个更加好用和通用化的测试环境，成为了李想一直以来的心愿。这个想法其实也是所有软件评测人员的共同愿望，但由于测试环境搭建困难、测试人员需求繁杂等一系列难题，长期以来一直没有人真正着手去做这件事。

面对这种困境，李想展现出了一个技术领路人应有的担当和魄力。“创新不是一句口号，要融入工作的方方面面，许多努力都不是立竿见影的，但不代表我们就不用去做……”带着这样的信念，李想开始了艰苦而漫长的探索之路。

他整合自己多年的工作经验，不厌其烦地与不同型号工作的评测人员沟通，认真听取和整合大家的需求。在此基础上，李想一点一滴、扎扎实实地开展了“金叶半实物仿真通用化测试平台”的论证和研制工作。在这个过程中，李想对平台上的每一个功能，界面上的每一个按钮都进行了反复磋商与打磨，力求使其更加贴近航天软件的测试需求，更加符合测试人员的使用习惯。

经过不懈努力，“金叶半实物仿真通用化测试平台”终于问世。这个平台具有学习成本低、上手迅速、数据直观的优势，极大地提高了测试效率，有力支撑了地面软件的测试工作。这项成果不仅体现了李想的技术创新能力，更展现了他作为技术领路人的远见卓识和责任担当。

在领域最前沿开拓

随着航天事业的快速发展，软件评测工作面临着日益增长的产品需求与不断加重的测试任务。面对这种形势，李想并没有停步不前，而是选择了双管齐下的策略。

一方面，他承担起了“金叶半实物仿真通用化测试平台”的持续改进工作，在已有条件下努力提高产品的易用性与测试效率。另一方面，他不断研究新的测试方法，力求从根本上满足当前日益旺盛的软件测试需求。

在这个过程中，李想敏锐地捕捉到了一个重要的技术发展趋势——人工智能和机器学习等智能化测试技术正在各个领域广泛应用。李想深刻认识到，要让航天软件测试水平紧跟技术潮流，就必须将智能测试技术引入日常软件评测的各个环节。

然而，将智能测试技术应用到航天软件评测领域并非易事。李想面临着两个关键问题：“如何测试智能软件？”以及“如何应用智能技术提升测试能力？”为了解决这些问题，李想展开了一系列深入细致的调研工作。

他首先设计了一份全面详实的调研问卷，在航空、航天、电科、船舶、科技、金融、汽车等多个领域开展了广泛的问卷调查和线上沟通。通过这种方式，李想收集了大量关于智能测试技术在各行各业应用现状的第一手资料。

除此之外，李想还通过分析国内外宇航机构在智能测试方面的研究资料，全面评估了当前智能测试技术在各个领域的研究现状和应用情况。这些工作为他后续的研究奠定了坚实的基础。

在充分调研的基础上，李想结合中国航天领域的主要特点，提出了一条智能测试技术在航天领域发展的可行性方案。他将这一方案向集团公司等上级单位进行了汇报，获得了有关部门的高度认可和大力支持。这不仅推动了软件评测中心技术的进步，也带动了整个院在智能测试前沿领域的探索。

“要做就做引领者”——这句话不仅是李想的个人信条，更是整个软件评测中心的追求。在当今时代，无论是对国家还是对企业，创新都是一道必答题。正如李想所说：“想要实现航天强国的宏伟目标，达到世界领先的技术水平，离不开每个航天人的开拓与创新。”

立足型号软件测试的基本需求，持续跟踪领域前沿，主动学习新知识、探索新思路——这就是李想的工作态度和方法。他用创新的思考与实践不断拓展软件测试技术的边界，为院软件评测领域技术的发展贡献着源源不断的智慧。

李想的故事，不仅仅是一个人的奋斗历程，更是整个软件评测中心乃至中国航天事业不断进取、勇攀高峰的缩影。在这个充满挑战与机遇的新时代，像李想这样的航天人正在用自己的智慧和汗水，为实现中国航天梦不懈奋斗。他们的努力，正在推动中国航天事业站上世界舞台的中央，向着更远大的目标不断前进。

脑机混合智能领域的探路者

脑机混合智能团队来自火箭院北京航天自动控制研究所，是一个心怀航天热血、追求卓越、勇于探索的创新团队。团队瞄准航天智能技术的发展需求与世界科技前沿，致力于生物脑启发的智能基础理论体系构建与智能本质探索，深入开展基于脑科学的智能航行器核心技术攻关，并大力推动工程牵引与技术实践的深度融合。

脑机混合智能是融合了脑科学与信息科学、计算科学等领域的交叉学科，研究类脑神经网络模型和计算方法，开发受脑启发的类脑智能技术，是未来智能化时代的核心领域，也是新一轮科技革命的重心。所脑机混合智能团队以“引领航天智能技术发展，实践航天强国目标实现”为己任，持续探索脑机混合智能前沿技术，深入开展工程牵引与技术实践的深度融合，大力推动航天装备智能化发展。在团队带头人王丽娜的带领下，团队成员披荆斩棘、开拓进取，致力于将脑认知与生物智能最先进的技术引入飞行控制领域，勇当航天智能控制技术创新发展的先行者。

脑机混合智能团队瞄准航天智能技术的发展需求与世界科技前沿，积极推动我国首个航天科技智能控制与脑科学交叉研究实验室——“蓝翡翠实验室”的建立。团队聚焦大脑信息处理机制与类脑智能研究方向，以探索生物脑智能、建立航天智能技术体系为使命，提出“脑科学＋智能技术＋航天技术（BS+IT+AT）”的战略研究体系，构建生物脑启发的智能模型与自主可控的技术生态，推动我国航天智能基础理论原始创新。

先进技术钻研“力透纸背”

在一次前往重庆开展某重要专项论证的出差航班上，飞机刚刚平稳飞行，王丽娜和团队成员便迅速聚焦到研究方案的技术路径与发展规划上。

这次专项论证对于未来类脑智能的航天工程应用至关重要，虽然早早确立了技术路线与实施方案，但团队带头人王丽娜却始终不满足于现有计划，她希望可以加入一些更前瞻更先进的技术手段，力求为研究工作增添更多有

脑机混合智能团队

价值的思路，让研究工作更有意义。

放下飞机座位前的小桌板，在这张临时的“办公桌”上，王丽娜带领团队很快投入技术方案的完善工作中。她一边反复推敲原有技术方案，一边不断调整思路，找到头绪准备提笔记录下来时，却发现手头没有笔记本和记录用纸，这时她看到小桌板下方的抽袋里有个收纳垃圾用的空白纸袋，“那就用它吧”，王丽娜把空白纸袋铺展开，将新的技术研讨内容密密麻麻地记录在上面。字迹匆匆，纸张斑驳，但薄薄的纸袋上记录下了王丽娜对技术与领域发展的深思，成为她对技术研究工作专注与钻研的一份见证。

刚抵达重庆，王丽娜便发现论证会议情况与预期有所不同，需要随时调整技术研讨内容。然而，这并没有让她手足无措，反而激发了她成倍的热情，她对团队成员说道：“我们尽可能地将时间往前赶，争取多看多听多问。”“对！我们抓紧时间，必须把握住这次重要的机会”，团队成员徐颂回应道。作为新成长起来的技术骨干，徐颂将专家的宝贵建议详细记录，不放过任何一个可能蕴含信息的细节。每天晚上，当别人已经沉入梦乡，团队成员仍然坚守在工作岗位，及时总结当日的工作，并梳理明日的计划，保证每一天的技术研讨都能取得实质性的进展。几个人，几台电脑，不知不觉天就慢慢亮了。就这样，在火热的技术论证现场上，团队成员拿出百倍的专注和投入，收获了宝贵的思路和经验，为后续类脑智能的战略部署打下了坚实的基础。

小项目拓出大前景

在工作中，无论项目大小，王丽娜都十分用心，从不因任务简单或者规模小而放松对工作质量的要求。“无论大事小情，只要交给她就放心。”这是王丽娜的领导和同事对她的一致评价。

一次，王丽娜带领团队成员申请到了集团公司的战略研究项目，需对国内外脑认知科学的理论和技术开展分析、总结，并基于航天系统的应用进行展望。该项目规模较小、经费也不多，但在团队成员眼中，这是提升能力、拓宽眼界、寻找创新源泉的“绝好机会”。团队成员很快沉浸到对最前沿技术和应用案例的深度思考中，细心地进行钻研，经过多轮迭代，最终完成了一份上百页的项目报告，内容十分丰富细致。

当这份扎实的项目结题报告呈现在集团公司专家组面前时，专家组眼前一亮。报告中的论证成果不仅科学严谨，还展示了类脑智能技术在多个领域的潜在应用，超出了专家们的预期，让大家意识到这种技术有着比预想更大、更重要的应用前景。报告中详细的数据分析和未来发展规划让专家们深刻认识到这一技术在提升航天器智能化水平和系统协同能力方面的巨大潜力。

后来，凭借充实的调研成果与充分的方案论证，团队得到了军科委、集团公司、院、所的大力支持。在项目申报方面，获得了共计逾千万的经费支持，为进一步的科研技术攻关提供了坚实的资金保障。在人员方面，团队吸纳了一批在类脑智能和航天技术领域有着丰富经验的优秀科研人员和工程师，形成了高效、专业、富有创新精神的团队。在政策方面，团队通过不懈努力争取到了集团公司的稳定支持，集团公司也邀请多名专家进行把关。同时，在各级领导的支持下，成立了“蓝翡翠实验室”，进一步加强了脑科学技术在航天技术发展过程中的基础迭代，推动航天器智能自主适用、航天系统互融互联互通。

团队成员也不负众望，紧密围绕脑机混合智能控制前沿技术研究，成功突破了多项关键技术，拓宽了多项技术路线。在航天器智能控制、无人自主飞行等方面取得了一系列重要成果，不仅提升了飞行器的执行效率和可靠性，也为未来更复杂、更长远的航天任务奠定了坚实基础。

许多在别人看来似乎很平凡的小项目，在团队手中都能变得更加富有创造力和活力。但每当提起这些事时，团队负责人王丽娜却总是谦虚地说：“这是航天人历来的传统，我们只是做了我们该做的。”这一精神不仅彰显了团队成员的谦逊和敬业，更体现了他们在细微之处创造卓越的能力，为航天事业的发展注入了源源不断的动力。

为航天新生力量赋能

研究工作之外，团队负责人王丽娜还承担着院计算机科学与技术专业硕士研究生导师的工作。她将传承技术视为己任，用自己对脑机混合智能技术领域的热爱，点燃更多年轻人的科研热情。

指导学生时，王丽娜不仅是一位学术严谨的研究者，更是一位温暖且亲切的老师，她总是不断地分享自己摸索出来的经验和方法，耐心指导学生们领会学术精髓。在她的教导下，学生们不仅学到了知识，快速成长起来，更收获了学术研究的快乐，爱上科研工作。

王丽娜的首个硕士研究生这样评价他的导师：“她的指导不仅仅是简单的知识传递，更是一个思维碰撞的过程。”谈到对学生的希望，王丽娜说：“我希望每个学生都能形成追求科学真理、探索事物本质的思维习惯，敢于挑战科学难题，能够静心研究，学会提出问题、独立思考，学有所成，为航天事业作出更多的贡献。”

脑机混合智能团队将持之以恒地开展生物脑启发智能计算等高水平应用

基础研究、前沿技术探索和工程化应用，在“BS+IT+AT”体系融合发展领域形成特色鲜明、优势显著的研究方向，实现一批脑科学领域重大原始创新，支撑一批脑机融合与类脑计算领域关键核心技术突破，打造世界一流的新一代智能技术创新策源地、无人系统装备研发基地、高端人才集聚地、学科交叉协同创新机制示范区，支撑航天强国和科技强国建设。

追“光”的梦想

GLink高速光纤总线团队来自火箭院北京航天自动控制研究所，是一个锐意进取、朝气蓬勃却又沉稳踏实的团队。他们能吃苦，有担当，敢闯敢干，历经十余年的日日夜夜，研制出中国航天全自主可控的光纤总线协议和多型大规模国产化总线ASIC芯片，保证了全国产通信一体化解决方案在工程中成功应用落地，推动了航天装备走入“光通信时代”。

“成了！”在院一款新研型号产品的首飞试验中，飞行器的多项性能指标实现大幅提升。试验场内，大家在欢喜之余感慨地说，“这是一场属于国产自研总线的胜利。”原来，这一型号产品搭载了集团公司首个具有完全自主知识产权的高速光纤通信总线，这次首飞的圆满成功标志着这款总线成功填补了我国航天领域一项重要空白。

自主创新、扬眉吐气，新型光纤产品为院重要领域发展带来新空间，注入新底气。而这款产品背后年轻的追“光”团队，更用智慧与勇气书写下一段以拼搏与梦想为主题的追“光”故事。

迎难而上奔赴未知

对于航天型号产品而言，每一项“快”与“变”的性能表现都要靠灵敏稳健的通信总线来实现。2013 年，通过对用户需求的调研和对未来发展趋势的研判，所党委决策组建 GLink 高速光纤总线青年研制团队，以高速光纤技术的自主研制与应用，引领型号产品数据传输速率由“Mbps”级迈入“Gbps”级大关，积蓄“质变”力量，这也成为团队追“光”征程的起点。

GLink 高速光纤总线青年研制团队的负责人张宏波和薛宁见证了这支年轻团队的每一步成长，他们俩也是团队组建之初仅有的两名成员。张宏波回忆，让自己下定决心攻克光纤总线技术的，是一次会议座谈时朱广生院士的话。“当时，朱院士特别提到了光纤总线技术，对大家说，‘一定要研究出具有国际先进水平的总线，我们一定要使用上光纤，拥有我们自己的光纤总线。’”张宏波说，“他的话让我深刻认识到，要拥有自己的光纤总线，这件事本来就没什么可犹豫的。”

薛宁也有着相似的感触，他说，“我们经过了大量的调研，发现我国航

团队成员合影

天型号产品所使用的光纤总线产品依赖于国外进口，价格昂贵，解决光纤总线产品自主可控的问题是十分紧迫的，必须要马上行动起来！”

从白天到黑夜、从硬件到软件、从设计到验证……很长一段时间里，张宏波和薛宁分工协作，各自撑起了研制工作的“半边天”，他们一个负责完成总线协议的实现，一个负责所有的测试与验证工作，两人的身影不停地在实验室间穿梭、忙碌。

很难想象，当外界企业在类似的研发项目中要投入大量的人力与资源才可能有所产出时，张宏波和薛宁却没有因为起步条件的不足而畏惧退却，他们毅然接手了这个前景未知的研发项目，接手了尚处于“襁褓”之中的团队，点亮了第一款国产化航天光纤总线的希望之光。

投身“实战”与时间赛跑

在产品的研制过程中，一方面做好点点滴滴的积累、取得扎实的技术突破，而另一方面张宏波和薛宁也带领团队努力抓住每一次“实战”机会，让团队的技术和产品能够在实际应用场景中更好更快地迭代进步。

在一个新型总体产品开展光纤总线论证的竞标阶段，GLink 高速光纤总线青年研制团队与国内光纤通信的一家头部企业进行了“面对面”的激烈竞争。为了战胜强大的竞争对手，团队向这款新型总体产品的型号两总立下 6 个月拿出技术方案的“军令状”，开展了争分夺秒的项目攻关。

在这次攻关中，他们不仅按照约定，早于竞争对手拿出技术方案，而且技术指标较竞争对手的产品指标有了“质的提升”。方案的硬实力摆在面前，型号两总也改变了此前对他们的质疑。设计方案和产品应用于系统上并顺利完成调试的那晚，型号两总激动地拍着张宏波的肩膀说，“没想到在这么短的时间里，你们还真的做出来了，太不可思议了！”

在这一新型总体产品研制项目中，GLink 高速光纤总线产品方案不仅顺利保障了型号研制的进度，更支撑型号方案在先进性方向上有了进一步的提升。

打得一拳开，闯进新天地。积极投身激烈竞争，GLink 高速光纤总线很快完成了理论技术走向实际应用的重要转身。

“芯”方向一路先行

为了深入了解用户需求，GLink 高速光纤总线青年研制团队常常深入用户使用场景，征求用户的反馈意见，探讨型号发展的未来需求。在与用户不断交流磨合中，新的研制目标逐渐清晰。做一款“属于航天人自己的总线芯片”成为团队的“芯”方向。

近年来，高速光纤总线这一研制方向也开始被越来越多技术人员关注和重视，研制团队随之日益壮大起来，陆续吸纳了 7 名年轻的新成员，郭萌和梁硕是新成长起来的技术骨干，肩负起了“芯”方向上更多的新任务。

“一次性把事情做对”是他们在芯片研制工作中坚持的理念。然而，对于芯片研制工作来说，想做到这一点是很难的。流片，是电路设计转化为实际芯片的关键一步。在半导体制造行业，首次流片的平均成功率不足 50%，因此在流片之前，研制团队需要经过多次验证和优化，以确保电路的正确性和性能达到预期。

在芯片的设计阶段，厂家就为研制团队制定了严格的“时间窗口”。为了赶进度，团队成员们常常不眠不休地通宵解决问题，争取更快一点完成设计工作，为后续的各项工作预留出更加充足的时间。

2020 年，正值疫情防控特殊时期，GLink 总线芯片的研制工作进入流片阶段。在芯片流片的测试阶段，为了确保芯片性能的可靠完善，研制团队主动“自我加压”，在非常有限的时间里“与时间赛跑”，坚持扩大测试范围、加大测试难度，承担起数倍于以往的工作量……

为了保障工程应用进度，团队成员们多次请缨在单位进行封闭式研制工作，克服一切困难，坚持完成了代码的开发和测试，在封控期间对总计近 20 万行代码进行了细致的测试，编写了近千个仿真测试使用案例，圆满解决了设计过程中的所有问题，确保了芯片流片工作一举成功。

4 次流片，零失败。短短 3 年的时间里，研制团队完成了终端芯片和交换机芯片的研制工作，让航天系统许多在研和新研的型号产品第一时间用上了这款更加自主可控、安全可靠的国产总线芯片。

从高价买入进口总线芯片到实现国产化自主可控总线芯片，追“光”的团队穿透重重迷雾，从漫长的艰辛中奔跑而来，实现了心中为了“光”的梦想，让自主可控之“光”终于照进航天领域，让航天产品从此迈入了高速传输时代！

实践与坚守是人生发展的“维他命”

王晓森，出生于1986年12月，硕士研究生毕业后，入职火箭院北京强度环境研究所，主要从事环境可靠性及强度试验工作。获集团公司2023年度航天贡献奖，2019年天津市技术改进奖三等奖，2022年天津市专利优秀奖，2023年中国振动工程学会科技进步奖二等奖，授权发明专利6项。

他坚信实践出真知，不断在实践中突破自我；他以技术人员的严谨和营销人员的敏锐，多次带领团队取得突破性成果；他总是“自讨苦吃”，越是困难大、矛盾多、条件差的工作越是干得起劲；他以不变的乐观和坚定，应对工作和生活中万变的挑战；他将实践与坚守看作是“维他命”，他常说，缺少这两点，就没法突破自我。

自我发展没有天花板

干一行、爱一行、专一行，成为“行家里手”。这是无数人追求的职业目标，对于王晓森来说，选择自己热爱的专业领域，专注于此，但又不能仅限于此。跨领域、跨岗位、跨区域的工作经历，使他能够从更全面的视角思考问题。

王晓森

有专业技术知识作为基础，再结合市场发展需求进行分析预判，王晓森的推广策略总能敏锐地捕捉到客户的关注点，使产品能无往不利地跻身行业前沿。工作这些年，王晓森和团队取得了多项院、所级奖励，这些都是对他和团队携手共进成果的高度赞扬。

2013 年，作为一名新人的王晓森带领团队建立的火工品环境试验产品线平台，最大程度地满足了用户关于实战化、安全性的要求。2017 年，结合市场需求，他和团队根据客户群体特点、具体应用场景等，搭建了可悬挂发射装置。2019 年，随着我国舰载机的快速发展，他又和团队攻关了舰载机的模拟装置，助力公司向新领域拓展，提高了公司在不同领域的知名度和行业认可度。

“晓森是个非常能吃苦的人，特别乐观！和他一起工作总能被他那股劲感染到，什么难事都不算事！“说起王晓森，同事们的评价非常一致，晓森就笑呵呵地说："那是因为和大家一起努力！"随着王晓森和团队攻克了一个个难题，他出色的市场营销能力也逐渐显现出来。

人在事上练，刀在石上磨

2015年，王晓森还在西安分部工作，当时承担的一项重要试验让他记忆犹新，"那段日子挺辛苦的，整个团队做梦都是发动机和振动台。"王晓森谈起工作之后最难忘的一段经历，"试验件非常大，而且很重，不仅如此，还要面临试验量级高、测试通道多、试验周期紧等很多问题，当时压力真的非常大。"

那一年，王晓森所在的部门承接了一个重要的试验——长征七号二级液体发动机整机振动试验。当时他还是名一线技术人员，被安排为该项目负责人，面临的第一个难题就是带领团队攻克发动机由水平运输转为倒置安装，再和振动台硬连接，同时还需要在可控成本下完成测试和工装加工。

"天天就琢磨怎么把这个'庞然大物'稳稳当当地转个方向，再毫发无损地安装在振动台上做试验。"王晓森边说边比划。经过整个团队没日没夜地查阅资料、分析讨论、与设计人员反复沟通，预判试验中可能出现的技术风险，终于设计出了既能确保发动机安全翻转，又能满足振动试验要求的方案。

"其中一个非常重要的测试设备，是常合作的供应商借给我们的"，王晓森提起那段试验中有趣的事。因为试验件体积大、分系统多，需要获取大量的数据，王晓森和控制仪器的厂家商量，基于前期合作的铺垫和信任，能否将600通道的设备借给我们采集数据？"我和他们说，给这么重要的型号提供支撑，也相当于给自己的产品做推广了！最后厂家答应将设备借给我们一直到试验完成。后来也没顾得上好好谢谢人家呢！”王晓森笑着说。最终，历经一百多天没日没夜的奋战，试验圆满成功。

水不激不跃，人不激不奋

凡是经历，皆成性格。2016 年，公司决定在郑州成立分部，拿“吃苦”当“进补”的王晓森毅然决然地报名参与分部的筹建。为了工作便利，他带领刚组建的 6 人小团队选择了一个集工作和住宿于一体的“办公室”。从分部的工商注册、厂房装修改造，到设备采购进场、客户开发，经历 8 个月时间，分部已具备承接试验的能力。“那一年孩子才一岁多，家里所有的事只能拜托给我爱人了，我能做的就是一有时间便西安郑州两边多跑跑。”提到这段经历，王晓森很是感慨。这种忙碌奔波的状态一直持续到了 2017 年年底，王晓森和家人终于在郑州团聚。在郑州的三年，团队也从最初的 6 人扩充到 15 人，经营收入已达到 1500 万元。

2020 年，实行大区化运营模式，他被调到位于天津的华北大区负责运营管理，需要北京天津两边办公，为了快速融入新岗位，他一有时间就去现场办公，和实验室主任了解具体情况，解决各种技术、进度、质量问题。

多地区的工作经历让他对市场营销和团队管理有了更深刻的思考。每个地区都有其独特的市场环境和文化特色，他和团队一起根据市场差异和用户需求的不同，制定出更有针对性的市场策略。

这样的工作节奏，也是对他精神状态和工作状态的极大考验，如何保持精力充沛？如何调节心理状态？每一次身份和场景的切换都是一次小型自我重塑。王晓森描述当时的自己：“在不同城市间奔波，最重要的是保持稳定的情绪和一颗强大的内心。遇到问题，最关键的就是冷静分析及时沟通，所以自己一定要稳。”

“现在，给小朋友辅导作业是我解压放松的一部分。”提到辅导作业，王晓森都是乐呵呵的，频繁出差的工作节奏，让不需要视频通话的时光变得格外珍贵，对于他而言，和孩子家人一起就是最好的“充电”方式。

人无精神而不立，无论是技术挑战还是资源匮乏，王晓森总能寻找到切实可行的解决方案，并以卓越的行动力将其落实。他的努力和乐观感染着团队。如今，王晓森分管武汉、郑州、长沙三个区域，出差依然是他的工作日常。当被问到工作中什么最重要时，他不假思索地说：“行动力，因为只有行动才能抓住更多的机会，凡事先行动，就成功了一半，后面的事只要坚持做，一定会有收获！”

将“表面”做得细 扎得实

贺晨，出生于1988年5月，博士研究生毕业后，入职火箭院航天材料及工艺研究所，主要从事特种功能涂层研制工作。获集团公司航天长征创新奖，集团公司青年拔尖人才，院优秀共产党员等称号，获省部级及以上科技奖2项，院级科技奖若干，授权专利20余项。

不破不立，唯创乃新；自信自强，敢于超越。火箭院航天材料及工艺研究所青年贺晨和他的团队成员为了产品的“面子”工作，扎实做透“里子”功夫，用一种又一种不断迭代的新涂层超越自我、征服市场，在航天材料事业发展的征程上印下青春的足迹。

坚守初心，航天是第一选择

小时候的贺晨对辽阔的星空充满想象，因此填报大学志愿时果断选择了与航天事业有着深厚渊源的中国科学技术大学，并持续深造直至以优异的成绩完成硕博学习。那时，讲授专业课程的老教授或多或少都参与过“两弹一星”工程研制，平时给贺晨讲了很多与航天有关的故事。在这样的环境熏陶下，贺晨更加坚定了从事航天事业的信念，渴望把自己的所学应用在航天的舞台，因而他择业的第一目标也是唯一目标，便是航天。

10 年前，带着对航天事业的无限憧憬，贺晨如愿进入了火箭院航天材料及工艺研究所，开始从事表面工程研究。表面工程，顾名思义，就是给型号产品研究合适的表面涂层。表面涂层就像是产品外部的一层防护服，其最典型的性能就是防隔热，同时还要兼具耐烧蚀、耐磨防腐蚀、耐盐雾、防雷电等功能。

产品表面那一层薄薄的涂料，背后发挥的作用却至关重要。为此，贺晨带领团队致力于疏通事业部重大项目研制、关键产品生产过程中面临的堵点，针对事业部特种功能涂层产品面临的手工作业多、质量一致性差、产能不足等困境，积极推动工艺自动化建设，在自动配料、自动涂装方面深入研究改进，实现了 80% 的产品自动涂装，提升了型号产品的一致性和可靠性，涂装产品的全自动生产线全面提升了特种功能涂层的智能制造水平。贺晨戏称他和同事们做的是“面子工程”，但为了“面子光”，他们必须把“里子”做得够细致、够扎实。为此，他们为之付出不懈的努力。

大胆创新，让防热涂层更新换代

“轻量化、低成本的高效烧蚀材料是未来防热涂层的一个重要发展方向。”贺晨在大量开展技术研究的基础上，始终密切关注专业领域的前沿动态。

防热涂层一直是型号产品外表面热防护的首选方案之一。特别是近年来，伴随我国航天技术的发展，新一代航天型号产品结构趋于复杂化，对防热涂层的要求也越来越高。立足未来需求，贺晨主动向事业部提出开展防热涂层更新换代的建议，并得到了所里的大力支持。

贺晨

过去的防热涂层使用的基本为缩合型硅橡胶，研制效率低、研制周期长，且受树脂基体的性能限制，在烧蚀过程中较容易出现脱落、鼓泡等问题，影响着产品可靠性。贺晨说：“要解决这个问题就必须从根本入手，改变树脂基体的分子结构。”

经过大量的试验数据分析，贺晨和团队成员重新设计了树脂基体的分子结构，创新性地合成了新的加成型硅橡胶，并以此为基体制备出了新型防热涂层。

有效解决了传统涂层在中高热流环境下烧蚀粉化、抗剪切能力弱等问题，可以和各种功能材料自由组合以满足不同环境使用……说起新涂层的优势，贺晨如数家珍。他带领团队拓展了防热涂层材料的应用领域，实现了防热涂层的更新换代。

以用户为中心，让大飞机无惧雷电

火箭院航天材料及工艺研究所在涂层研制领域有着极其悠久的历史，但一直没有专门满足大飞机排水阀防雷击需求的涂层产品。基于创新求强的想法，贺晨和团队成员在近几年开启了一场新涂层研制攻关。

“这是一个全新的挑战，要么不干，要干就要干好。”作为技术攻关负责人，贺晨决心圆满完成任务。他带领团队成员从专业的视角看问题，按照系统工程思维方式，抓住主要矛盾，分析出任务的关键点。

大飞机的防雷击涂层主要应用于飞机油箱排水阀的表面。排水阀的主体结构采用绝缘复合材料制备而成。在飞机飞行过程中，排水阀暴露在大气层中，当遭遇雷电天气时，若不能将电荷及时导出，可能出现阀体组件被雷电击穿的风险。一旦如此，飞机油箱将会漏油，后果不堪设想。

因此，贺晨和团队成员得出结论，与通常研制的涂层相比，防雷击涂层研制的难度在于必须保证其电阻值控制在适用的范围内。为此，他们开展了大量试验。

至今，贺晨对第一次试制记忆仍十分深刻。当时，他们将涂层的电阻值设置为 40 千欧。在试制产品试验中，油箱排水阀在涂层的保护下完好无损，然而令人诧异的是，与排水阀相关联的其他材料却被雷电击穿了。

一个新涂层产品的诞生，背后饱含着研制人员数不尽的艰辛。一次试验不成，他们紧接着开始了第二轮试制。和着实验室里深夜的灯光，攻关团队针对用户带来的样件、失败的试验件，从成分到配料比例一轮一轮地分析着，一丝不苟。

由于国内没有直接可以借鉴的经验，贺晨便主动钻研大量国外涂层制备相关的前沿技术资料，为后续的涂层研制储备了基础能量。涂层产品属于个性化定制，他们为了找到合适的试验厂家事先进行了多方调研，提前交流设计独特的工装。一番努力之下，历经系列不同的试验验证，涂层电阻值最终确定。

“完成了制备技术攻关，如何把它落到实物上，这成了我们新的阶段目标。”贺晨介绍。涂层的电阻值和涂层的厚度成反比，而阀体组件的涂装面积仅有巴掌大小，如何均匀控制涂层厚度成了影响电阻值的关键因素。早在投产阶段，团队成员便开始了精细工艺摸索的“预试验”，并对各项喷涂指数进行了精细化控制，为涂层的高质量研制打下了基础。

2023 年 5 月，大飞机顺利完成首次商业航班飞行。那一刻，想到亲手研制的涂层正像小卫士一样守护着大飞机和乘客的安全，贺晨感觉所有的辛苦都是值得的。

科技创新永无止境，如今，贺晨又接到了新的科研任务，踏上了新涂层研制的征程。他将一如既往地做好“里子”功夫，去追求每一个表面工程的完美。

敢“钻”敢“揽”勇担当

关进良，出生于1985年12月，大学本科毕业后，入职火箭院首都航天机械有限公司，主要从事精密数控机床设备排故调试工作。获全国技术能手，全国数控技能大赛决赛一等奖，全国智能制造应用技术技能大赛二等奖，2023年北京青年榜样，集团公司杰出青年，院高级技能专家等荣誉。

“他干活，我们都放心。”“车间就没有他不会修的设备，有事找他，一会儿就修好。”“他到哪都带着本和笔，遇到问题就必须解决。”让车间领导和员工们交口称赞的，是火箭院首都航天机械有限公司1车间维护组的青年员工关进良。工作15年，他始终将钻研作为自己的座右铭，攻坚克难，解决了上百台设备的“疑难杂症”，锻造了自己的“金刚钻”，专揽工作中最难的“设备活”。

从“无从下手”到“游刃有余”

2008年，走出校门，关进良进入火箭院首都航天机械有限公司，从事设备维修、调试等一系列维护工作。时隔多年，他仍记得第一次走进车间的场景。当时，在老师傅的带领下，他走进厂房，看到众多设备，从小就喜欢机械和设备的他顿时心生欢喜。

然而，等到第一次上手的时候，他却发现事情并没有想象中那么简单。“那是一台三轴设备出现的小问题，当时我信心满满，可到了现场却发现，由于设备使用了一段时间，一些位置标识和特点已经不那么明显，没办法按照所学判断出问题所在，真是无从下手，狼狈至极。”关进良回忆道。

经此一役，关进良非但没有失去信心，反而更加来了精神，他开始潜心钻研各个设备。从三轴、四轴到五轴，只要车间到了新设备，就一定能在现场看见他。有时候白天没研究透，他就晚上继续研究，入了迷的时候，他连晚上的梦里都是设备。

凭借这种钻研精神，他的技术水平突飞猛进。2010 年 6 月，1 车间接到一批舱体类壳段零件的紧急生产任务。未承想，由于厂家遗留问题，加工此类零件的一个大型数控转台不能正常工作，影响产品的生产与交付。

关进良来到现场后，迅速确定了问题所在。他从机械和电气方面入手，对数控转台的几何位置精度和数控机床位置进行调整，彻底解决了这一难题。原本计划两周完成的维修工作，他只用了 3 天时间，得到了一线生产班组的认可。随后，他又举一反三地将这种维修方法推广到同类数控机床上，收到了良好的效果，还因此获得了车间技术创新和合理化建议二等奖。

那个曾经“无从下手”的年轻人，逐渐成为了大家口中“游刃有余”的“老”师傅。但对于关进良自己而言，这还远远不够。

锻造更加专业的“金刚钻”

从三轴到五轴，从机械到电气，时代在变化，设备也迎来了大变革。近年来，更多能力更强的数控设备登上舞台，给维修调试工作带来了全新的挑战。

“过去，我是‘实战派’，设备出现问题，我可以根据问题原因确定维修措施，但对于这背后的原理和深层次的逻辑掌握得不是特别透彻。”关进良感慨道，“随着设备越来越复杂，问题虽然每次都能解决，但我总觉得还差了点什么。”

很快，困扰有了答案。2014 年，公司组织的一次培训彻底点醒了关进良。培训过程中，大国工匠、公司特级技师高凤林提到“理论和实操要追求‘双顶尖’才能有更长远的发展。”方向既明，何惧路远。关进良几乎是立

关进良在进行机床调试

刻下定了决心，要去读研，实现自己理论水平的提升。他将控制工程专业选为攻读方向，因为这和自己工作结合最为紧密。

在读研的几年时间里，他既要保证做好本职工作，又要兼顾学习深造。他将周末和节假日都投入学习，实现20门课程几乎全部优秀的好成绩，最终拿到了工程硕士学位，更加全面地掌握了机械、电气、控制等多方面的理论知识。

由于从来没有离开工作一线，关进良迅速将所学应用在了工作之中。这一次，许多原先百思不得其解的问题都豁然开朗了。用他的话说，以前是平面看问题，现在是立体看问题。

理论与实践的双提升也结出了硕果。2018年，关进良代表公司参加全国数控技能大赛，荣获了一等奖，这次比赛更让他的设备维护知识与理论知识得到了提升。

然而在他看来，学习也好、竞赛也罢，这些都是锻造更加专业"金刚钻"的手段，最终还要回归厂里的"设备活"。

专揽最难的"设备活"

2021年，一台五轴数控龙门铣床成了1车间的焦点。这台设备专门用于加工复杂大壳段产品，想要投入使用，还必须得经过调试。然而，厂家业务繁忙，调试最快也要等到几个月之后。对于这样一台设备，每空闲一天，都会对生产造成不可估量的损失。

关键时刻，关进良坐不住了，"凭什么咱们要等这几个月？"他随即决定和维护组的同事们一起调试设备。有了十几年工作与学习的积累，上百页的说明书也变得不那么复杂了。与此同时，他利用下班时间整理各种资料，并一点点摸索设备的参数。半个月的时间里，光调试的参数就已经达到了几十页。

“设备确实比想象中复杂，我记得小关当时每天都要忙到晚上九十点，但无论遇到什么困难，我都能看到他脸上那股不服输的表情，感受到那股不服输的劲儿。”一工段数控组李志新说道，“我印象特深刻的是，有一天下午，他满脸写着兴奋，我一问才知道，原来是调试成功了，后来经过检测，加工的产品符合要求。大家都发自内心地感到高兴。”原本计划等待几个月的设备，最终在关进良和同事们的努力下，仅用半个月就投入了生产。

像这样的事例还有很多。工作至今，经关进良之手维修的设备数量达到了百余台，解决的问题达到了上百项，他也成为了让大家放心的技术能手。

工作 16 年，关进良紧跟时代、紧跟潮流，凭借对事业的一腔热血、对技艺的钻研精神，谱写了一位航天青年不断拼搏奋进的精彩篇章。

攻坚克难铸就电驱利剑

电驱动车项目团队来自火箭院特车-泰航公司，成立于2017年，主要从事特种电车驱动技术研究，先后获授权国家发明专利4项、实用新型专利1项、国防技术发明一等奖1项。

从传统燃油车到新能源汽车，从技术空白到国内领先，他们以航天人严谨细致的工作态度，创新开拓的精神，以青春力量用无数次创新突破、无数个昼夜奋战、无数次试验验证，推动着公司跻身重型、超重型电驱动特种车领先行列。他们就是泰航公司预研部电驱动车项目团队。

居安思危挑战新领域

从2017年开始，国家大力推进新能源建设。此后，科技部推动建设了国家新能源汽车技术创新中心，新能源领域前景广阔。

紧跟国家政策的泰航公司，面对国家和用户需求，迅速转变思路，调整策略，果断提出向电驱动特种车发展的战略决策，并成立了电驱动车项目团队。

“但当时，对我们来讲，特种车的电驱动技术一片空白，项目组技术一穷二白，很多技术只能靠摸索”，项目团队主要责任人李强对项目初创时的困难记忆犹新。

“作为航天人，从不畏惧困难，没有路，那就披荆斩棘开新路。”团队成员拧成了一股绳，决心承担起研发重任，填补国内重型越野汽车行业电驱技术的空白。

“分布式电驱动系统是一项非常庞杂的工程”，对于毫无电驱动技术经验可谈的项目团队来讲，要想攻克，其难度可想而知。他们翻阅了海量电驱动技术资料，开展了大量技术调研，摸清了电驱动特种车的发展脉络，最终确定了重型电驱动特种车原理样机的电气架构和总体布置。

求索者的道路从未一帆风顺。困难当前，考验一支队伍的胆量，也检验一支队伍的实力。项目团队牢牢坚持“国家的需求就是泰航人努力的方向”不动摇，向技术突破发起挑战。

电驱动车项目团队全体成员合影

肩挑重担摸着石头过河

分布式电驱动底盘项目设计师梁金壮全程参与了重型分布式电驱动特种车项目，讲起研制攻关的点点滴滴，他感触颇深。立项之初，方案设计成为横亘在大家面前的第一道鸿沟。

“为了找到可以借鉴的间接经验，我们通过网络、报刊查阅了海量电驱动技术资料。不过，当时国内在电驱动研究方面的工具书几乎是空白。”项目团队找不到可以借鉴的方案，只能自己摸着石头过河。

没有资料就开展技术调研。“国内影响力较大的广州车展、上海车展、重庆越野车年会……凡大型车展、年会必看，我们一年去看了 20 余场，不是在看车展、就是在赶往车展的路上。”遗憾的是，梁金壮和同事们没找到过多的有用信息。

一次偶然的机会，团队人员听说，2008 年北京奥运会时，北京理工大学和有关单位合作研制的新能源大巴成功助力了绿色奥运。于是，项目团队第一时间联系了北京理工大学，经过几轮深入沟通后，双方一拍即合，达成联合攻关意向，共同组建了 20 余人的研究团队。面对重型分布式电驱动系统这个庞杂的工程项目，研究团队连续挑灯夜战 3 个多月，终于摸清了重型分布式电驱动特种车的发展脉络，方案初见雏形。

不过，新能源大巴与特种车的区别很大，方案调试时问题频发，比如，多个部件在同一条通信专线上的信号总是不能同步。研究团队的通信技术员把工作地点搬到调试工位上，查找海量资料，分析问题根源，反复调试、仿真、修正错误……经过一周多废寝忘食的攻关，问题终于解决了，为项目进展打下了坚实的基础。

创新的道路很难一帆风顺，就这样，项目团队历经一次又一次奋力攻关，将难题逐一消灭。重型分布式电驱动特种车也从方案变成数万个零部件，再从零部件组装成车。

极限试验考验车更考验人

2017年10月，项目团队满怀希望地迎来了首台重型分布式电驱动特种车样车下线。然而，就在路试的第一天，类似控制系统不协调、车轮失速等故障接踵而至。接二连三的问题考验着车的质量，更考验这支团队的能力。

成功从来都不是一蹴而就的，是每个成员“拼”出来的。为了解决重型分布式电驱动特种车控制系统的线上调试难题，李强通宵达旦守在样车前，爬驾驶室、钻车底，推进装配进度；“90后”梁金壮一边抓设计，一边抓部件调试和整车联调工作，全程跟产，24小时紧盯现场，第一时间响应技术需求……接踵而至的难题逐一得到解决。

为了对样车电驱动系统进行全面、充分的验证，拿到国内第一手多轴电驱动特种车试验数据，2018年，项目团队奔高原、赴沙漠，战严寒、斗酷暑，辗转数万千米，在极限环境中开展试验。在热区沙漠试验时，车子的传动轴突然断裂，沙漠腹地，千斤顶使不上力，队员们只好去附近的村庄借木板、石块，借助人力把车轮顶起来。在40摄氏度的高温下，他们奋战6个小时，终于完成了传动轴更换。寒区试验途中，车里的取暖设备突然坏了，试验车里的温度骤降到零下30摄氏度，可是，试验不能停。冻得瑟瑟发抖的试验队员靠贴暖宝宝、揣热水袋，坚持做完了试验。看着来之不易的一手试验数据，手脚冻伤的他们高兴得忘了疼痛。

正是靠着大家不服输的韧劲、不遗余力地忘我工作，才实现了电驱动特种车研制成功，顺利通过样车试验，率先开展型号应用，为公司抢先进入电驱动特种车领域打下坚实基础。

“人间万事出艰辛。”7年来，项目团队凭借开拓创新的意识和航天人勇攀高峰的精神，攻克了一个又一个重大技术难题，成功研制的重型分布式电驱动特种车，有力支撑国防装备建设。未来，项目团队将继续在电驱领域开拓进取，奋力突破技术瓶颈，提升产品竞争力，为国家铸造更先进的“利剑”。

把精细活儿干漂亮

董俊磊，出生于1995年1月，大学本科毕业后，入职火箭院北京航天万源科技有限公司，主要从事航天电子产品无线电装接工作。获全国技术能手、航天技能大奖、北京市职工高级职业技术能手、集团公司青年岗位能手称号，北京市竞赛获奖2次、集团竞赛获奖1次，授权专利3项，发表论文2篇。

印制板、扎线、调试，在灵巧的双手中，一个整机完美诞生。这是职业技能大赛无线电装接专项比赛的比赛现场，董俊磊以精湛的技能斩获第二名，获得“全国技术能手”称号。董俊磊是公司公认的“电装高手”。在同事们印象中，他年纪轻、性格内向、待人温和，但喜欢钻研电装技术，有着一股不服输、精益求精、追求完美的韧劲儿。“得把活儿干漂亮”是董俊磊总挂在嘴上的话，这个年轻的小伙子把对“漂亮”的追求全部倾注在手上的精细活儿中。

热爱就要实实在在

万源科技承担着院许多重要型号产品电路板的焊接和组装任务，毫不夸张地说，这里的每道工序都关乎着型号任务的成败，每个微小的操作都需要

董俊磊在进行电路板装接工作

电装人员极致的专注、细致与耐心。这个90后小伙子，白净的面庞挂着害羞腼腆的微笑，灵巧的双手间各项操作娴熟精准、动作麻利，宛如一位“老师傅”。

刚进车间时，董俊磊明白这份工作特别的份量，但每道工序的严格要求对于年轻的董俊磊来说，也意味着全新的挑战和一道道难关。工作时，董俊磊拿出了十二分的小心，但他还是担心自己能力不足，无法承担起岗位沉甸甸的责任。一次，和领导谈心时他曾提到，“咱们干的是航天的活儿，如果因为自己的一个小失误造成大损失，那就太丢人了！”

为了更好地担负起自己身上的这份使命与责任，董俊磊脚踏实地练好基本功，他虚心向师傅们请教，白天边学边干，晚上找来作业指导书等学习资料对照学习、反复练习，他的操作手法很快变得熟练精准起来。入职不久，他就开始在万源科技公司“芸集杯”技能大赛、院级技能大赛和集团公司举办的技能大赛等众多大赛上崭露头角，屡获殊荣。

对于这些好成绩，董俊磊没有“太在意”，始终保持着谦虚和进取的态度。他说，“我和许多选手还是有差距的，要多多学习，提升自己，把热爱的工作干好，才是实实在在的事。”

每个细节都要极致

在董俊磊看来，电装工作不仅需要精湛的技艺，更需要严谨的态度和对极致的追求。他常说：“干电装，就是要多点不放心，每个细节都要做到极致。”因此，他在工作中总是保持着高度的警觉性和专注度，一丝不苟地完成每一道工序，不放过任何一个可能影响产品质量的小细节。

在一款型号产品装配中，线头特别密集，装配精度要求极高。在焊锡环节，飞溅的焊渣有可能会产生非常微小的“飞珠子”，这些细小的焊渣飞进线扎中，可能导致电路短路。在该批次产品的常规检查中，董俊磊格外留意了这方面的问题。在产品通过了常规检查后，他提出要为产品照 X 光。他说：“电装工作不能有丝毫马虎，一个小小的瑕疵都可能导致整个产品的失败。只有把每个细节都做到极致，才能确保产品的质量和可靠性。”经过仔细核验，在众多产品中，他带领徒弟找到了一个极其细小、只有 0.1 毫米的锡渣，消除了质量隐患。

每个焊点都要标准圆润、每个元器件的焊接都力求完美、每根导线的连接都力求精准……正是凭借这种“把精细活儿干漂亮”的追求和精益求精的工作态度，董俊磊的精细活儿不仅赢得了同事们的赞誉和领导的认可，更让型号产品设备的性能越来越稳定可靠，为院多个重要型号任务的成功贡献了自己的青春力量。

漂亮是工作要求也是生活态度

为了干好手头的精细活儿，董俊磊的工作台上，总是放着各种型号产品的元器件和电路板，他常常仔细观察、研究，把每一个元器件和电路板的规格、性能及特点都熟记于心。他说：“只有对每个元器件都了如指掌，才能在焊接和组装过程中做到心中有数，减少失误。”

“爱琢磨”也是董俊磊的同事们对他的一大印象。一次，董俊磊接手了一项全新的扎线活儿，要把 32 根细导线扎在一起，且直径不超过 5 毫米。这听起来简单，实际操作起来却不容易，既要满足尺寸要求，又要保证每根导线不会因为过度挤压而变形失效。董俊磊反复琢磨、反复尝试，独自坐在工作台前连着忙活了好几天也没有放弃，终于找到了合适的方法，他像给小姑娘编小辫子一样，把 32 根导线分成清晰利索的线束，把线束一股一股地轻轻叠压在一起，编成了一条扁平状、漂亮的“麻花辫”，成功解决了这个工艺新难题。

董俊磊的“爱琢磨”不仅体现在这次解决扎线难题上，还贯穿于他的日常工作和生活里。

制作小音响，是董俊磊和电装人员平时用来“练手”的小项目，音响的制作和他们日常工作中的产品步骤与技术相似，因此常常成为技能竞赛中的必考题。“插上电源线就能播放，还挺有意思的。”多次参赛的董俊磊制作小音响游刃有余，在爱琢磨的同时，他还拥有一颗细腻的心。最近他正在研究设计音响图纸，打算利用业余时间为妻子亲手打造一个“专属”小音响。他说，“工作中的小乐趣转换成生活中的小惊喜，是一种别样的浪漫。”

“把精细活儿干漂亮”，在董俊磊对“漂亮”的不懈追求里满满都是他对工作与生活的热爱与执着。集团公司职业技能竞赛第二名，北京市职业技能竞赛第二名，“全国技术能手”“航天技能大奖”……这个“爱漂亮”的小伙子不仅在工作中做出了不平凡的成绩，更用实际行动诠释着新时代的工匠精神，激励着我们，用心把事做漂亮，一定能收获更多的成功和幸福。

巧手托起航天梦

刘芳，出生于1984年10月，大学本科毕业后，入职火箭院北京航天万源科技有限公司，主要从事航天电子产品无线电装接工作。获全国三八红旗手、中央企业技术能手、北京大工匠、北京青年榜样、北京市名师带徒、集团公司劳模、航天技术能手等荣誉，获得国家专利4项。

“从0到有试制样机”“产品返修一次成功”“在巴掌大的空间内巧布千根导线”“盲装百根金针，一根也不歪”“点一下就准的袖珍焊点”……

从事航天电子产品无线电装接工作16年，刘芳在无线电装接领域练就绝技，她以强烈的使命感和责任感圆满完成载人航天、探月探火等多项重点型号高密度复杂电子产品的装配任务，用一双巧手托起航天梦。

苦练功底铸就一双巧手

16年前，刘芳怀着“航天梦”来到了航天万源，接触的第一个工作就是“脱线”。经过培训之后，刘芳立刻上手，一根一根地脱线，全神贯注地训练自己的技艺。“有时候时间很紧，怕基础打得不牢，连厕所都不敢去，生怕耽误了。”在刘芳手中，几百根导线，每一根都齐刷刷地完成了脱线，而且无毛刺、不发黑，高于要求标准。

工作的前两年对于刘芳来说一切都要从头学起，但她从来没有退缩。每每迎来一项新工作，她就跟着师傅认真学习，然后翻看记录，消化、总结所学。遇到疑问，她就继续请教师傅，再学习、再记录、再消化总结，如此循环往复，笔记本上记录了密密麻麻的文字。正是那时候打下的坚实基础，才铸就了刘芳的一双巧手，她也逐渐成长起来，并逐渐担起大任。

一天夜晚，刘芳所在的车间突然接到紧急生产任务，而留给他们的时间只有 3 天。批量更改，是生产中最棘手的工作，既要在拆除时保护原有的元器件不受损坏，又要在装配时保证新组装的产品万无一失。对于操作者来说，这是对技术技能水平的最高考验。

批量大、改动多、空间小、细线杂，这些困难对刘芳来说早已是家常便饭，刘芳也在这一次次紧急任务中摸索出了一套行之有效、保质保量的生产方法。思考蓝图，绘制草图，这是刘芳迈出的第一步。刘芳说：“只有理清产品的脉络，在脑海中浮现出产品各种元器件的位置，才能找准切入点。”第二步，梳理下线表和接点关系表，确定每一根电缆的长度、编号和跨线关系。“要弄清楚产品的每一个细节，细节决定成败，只有细节做到位，才能保

刘芳

证进度和质量。”第三步，制作导通表，按照原理图整理出导通表，确定难点和易错点，为更高效的检验做足准备。等这三步走完，已经是凌晨时分，刘芳说：“虽然紧急的生产任务还没有开始，但开好了头，后边的工作就有了保障。”

等到第二天，刘芳再根据每一名职工的特点，分配给他们最拿手的工作。刘芳说：“每一名职工都有各自特点，10个手指头都不一般齐呢，把脱线扎线焊接、装配检验等工作分配到最放心的职工手中，产品质量就有了保障。”

每天晚上睡觉前，刘芳都会习惯性回顾一下自己一天的工作。刘芳说：“白天工作忙来不及思考，晚上夜深人静时查漏补缺就能发现问题，想到哪些地方没有做到位，就会在第二天的晨会中落实，等到把产品做出来的时候就特别有成就感。”

练就绝技攻克“卡脖子”技术

“我喜欢比。”日复一日面对着电路板、烙铁和导线，刘芳从不觉得枯燥，她与“同桌”两人各自心里都默默地较着劲儿。怎么能够比别人做得更快、更好？凡事爱琢磨的刘芳不断思索，竟不知不觉掌握了三手绝活：巴掌大空间巧布千根导线、盲装百根金针一根也不歪、点一下就准的袖珍焊点。

一个长方形的控制器盒，在狭小的空间中要布上百条导线。刘芳将上百根导线进行绑扎、分支、固定，原本杂乱无章的导线，好似变魔术一样，变成了整齐、精致的作品。

每个连接器上都有三至四排金色的细针，数量有上百根。每根金针对应一个小孔，要求百根针要同时入孔，一根歪了，产品就报废了。由于入孔的装置是封闭的空间，这样精准的操作，只能盲装。在刘芳看来，盲装不如巧装，将封闭的空间分两个步骤装，中间用垫片隔开，这样金针入孔准不准，提前就能预知，能够确保万无一失。

高密度多引脚 SMD 芯片的焊接属于精细的“袖珍”焊。一个指甲盖儿大的芯片上，均匀分布着上百个引脚，对应的是上百个针尖儿大的焊点。每个焊点需保证匀称、参数一致，焊接十分苛刻，但在刘芳手里是“点一下就准”。

2017 年，刘芳担任班组长，她开始思考更深层次的问题，不仅思考产品的装接效率和质量，还思考怎么设计产品及实现的工艺。“原来是拿着图纸走线，现在是看图纸后想怎么能效率更高。所谓的绝技绝招是基础，更重要也更难的是实现从 0 到有的样机试制。”刘芳说。

随着技艺的积累沉淀，刘芳开始攻克“卡脖子”难题。在某重点型号关键单机产品的国产化研制过程中，她根据装接产品的工作原理、结构特点、工艺特点及装联难点，比对国产与进口器件的特性、摸索焊接参数、迭代装配方案，通过技能攻关助力技术提升，突破产品国产化研制关键技术，为设计方案改进、工艺方法优化、产品质量保证奠定了基础，为某产品研制取得成功提供了重要保障。她结合某型号生产任务，完成了北京市总工会“板间连接器装焊工艺技术研究”创新助推项目，针对产品结构特点和装配技术难点，改进工艺方法，解决技术难题，突破产品生产过程中制约产品性能的关键工艺技术，为型号产品成功研制起到推动作用。

传承技艺让绝活更“鲜活”

“责任越来越大，肩上的担子越来越重，一定要做到无愧于心。”在航天万源，刘芳从一个“职场小白”，变成了能独当一面的技能专家、技能大师、技能带头人，又先后成为班组长、工段长，她深感责任重大。

对徒弟，她倾囊而授，毫不保留；对自己，她更加严格要求。

刘芳说：“带徒弟的时候，他们要是有什么学不会的，我比他们更着急。我觉得，一个人掌握技术不算什么，能有这个力量将这门技术传承下去，才是本事。我希望有一天也能桃李满天下。”如今，刘芳带出的徒弟们人才辈出，频频在北京市技能竞赛等比赛中拔得头筹。她一人的绝活儿变成了人人的绝活儿。

作为工段长，刘芳不仅要掌握多门技术，还要学会合理安排人员，全面掌握各个工种。为了合理安排工作，接到紧急的新项目，刘芳会熬夜“绘制草图”，以便第二天一早就能给职工分配工作。

晚上 11 点、12 点下班是“家常便饭”。刘芳对工作做到“无愧于心”，但对家庭却“愧疚万分”。

虽然孩子的学校离单位不远，但碰到紧急任务，刘芳一分钟也脱不开身，她只能拜托同事去接孩子，久而久之，幼儿园的老师就认识了刘芳身边的同事。一次，幼儿园的老师见到刘芳说：“别的孩子我只认识他们的家人，但通过你的孩子我却认识了你整个车间的同事。”

单位—家庭，这种两点一线的生活就是刘芳的全部。刘芳也曾向往逛街、陪孩子这种简单的生活，但穿上工作服的那一刻，装好一箱箱待交付的产品的时候，她还是觉得，踏踏实实把工作干好就是幸福。

拓荒商业航天　驰骋行业蓝海

王冀宁，出生于1985年11月，硕士研究生毕业后，入职火箭院，先后在北京强度环境研究所、战术部、中国长征火箭有限公司工作，主要从事型号项目管理等工作。获北京科技进步二等奖1项，授权专利10余项。

从捷龙一号到捷龙三号，按院商业领域决策部署，作为型号队伍核心成员，王冀宁探模式、建制度、组队伍、拓市场、精流程，以商业化创新思维，为构建适合火箭院市场化的研制、发射服务新体系而不懈奋斗。

继承、创新和突破

2018 年 5 月，王冀宁正式成为捷龙一号型号主管，负责型号进度、经费管理抓总。捷龙一号作为火箭院第一款商业火箭意义重大，商业火箭本质还是一款运载火箭，其高投入、高风险的属性没有改变，任何一次飞行失利都会带来惨痛代价。同时，不同于长征系列火箭研制，捷龙一号作为商业火箭研制探索的试点，如完全参照传统模式开展商业新型号研制，必然会受到工作机制、管理模式、成本核算、研制流程及设计理念等固有框架制约。要有效降低火箭研制成本，提高生产效率，激励骨干人才，实现商业与传统的有机结合，需要在管理模式、研制流程、技术手段等诸多方面进行创新探索。

王冀宁作为型号主管，与设计师队伍充分沟通，快速统一思想、转变观念，以在18个月内打造出一型“高性价比、高可靠、快履约、快发射”小型商业运载火箭为目标，以时不我待的精神，迅速开展火箭研制技术脉络与管理思路的顶层策划工作。

在成本管控方面，为确保型号的市场竞争力，在研制之初，王冀宁提出型号管理要以目标为导向，对市场需求进行分解，制定成本管控方案，并首次提出“限价设计”理念。通过集思广益，他将集体讨论的意见整理、分析、总结，通宵达旦半个月，将成本管控融入全要素、全流程和全周期，明确4个管理目标，形成3类21项具体措施，为型号成本受控奠定了坚实基础。

王冀宁

在型号计划进度方面，型号研制涉及多个系统、多个单位，设计、备料、生产、试验工作错综复杂，作为抓总计划管理人员，王冀宁采取了一系列精细高效的管理方法，不断加强过程管控。首先，从组织管理上，利用综合调度会、箭体结构周调度例会、专题调度会等有层次的调度协调机制，以抓铁有痕、高效务实、不达任务目标不罢休的精神解决型号进度上的“拦路虎”；其次，在工作执行层面，强化调度协调能力，确保信息有效、快速响应、计划落地，他坚决避免“办公室调度”“电话调度”，而是深入生产一线、试验现场，及时协调各类问题；最后，针对遥一箭总装和出厂测试、发射场合练、遥一发射场飞行试验的关键阶段，他遵循精细化管理要求，按照工作流程制定了专题日工作计划。

应该说，正是以他为代表的研制队伍，坚持在研制过程中抓住关键项目和短线环节，紧扣研制目标，采取精细化管理方法和手段，严格控制过程中的各个环节，有效识别、快速解决影响进度和质量的风险，以咬定目标不放松、不达目标不罢休的韧劲，保证了型号按计划实施首飞。

在产业链配套方面，捷龙一号研制初期正值中国商业航天的“拓荒之年”，市场化的产业链几乎为零，如何既确保核心技术产品在手，同时有效降低成本，成为摆在研制队伍面前的重要难题。为此，王冀宁率先提出打造面向市场、开放包容的市场供应体系，并坚持同等条件下优先选用院内单位的原则，型号研制过程中有效探索了商业火箭市场化的协作配套模式，通过适度开放部分非核心产品配套，将市场化成本管控体系引入型号配套和经费管理，逐步由“计划配套”向“市场配套”转型，采用竞优竞价的方式有效控制实施成本。

“10、9、8、7、6、5……”，随着酒泉卫星发射中心现场传来一声“点火！”，王冀宁和在现场发射试验队的一百多战友，看着火箭不断升空，在高空优美地调姿飞行……现场的人们不约而同地发出欢呼声，每个人都目不转睛地盯着火箭消失在蓝蓝的天空中，包括王冀宁在内很多人眼眶都泛起泪花，火箭也留下一道优美的弧线直冲云霄而去……

传承、发扬和坚守

2019 年 8 月 17 日，捷龙一号首飞圆满成功，火箭公司成功实现主业战略转型，获得市场一致认可，并实现 A 轮市场化融资 2.5 亿元（为火箭院主业市场化融资的首次尝试）。按院领域规划，火箭公司要承担更大责任、实现更大突破，人才是首要的。2020 年 5 月，火箭公司人事部门正式向王冀宁发出邀请，希望他可以作为牵头人组建项目部，更好地推动公司商业航天发展。经过深思熟虑，王冀宁选择接受这份挑战，他以坚定的勇气、必胜的决心第一时间投入工作当中。

2020 年 6 月入职项目部后，摆在他面前的首要任务是作为项目部负责人配合好型号领导完成捷龙三号研制工作。此时，捷龙三号处于方案研制阶段，还未任命副总指挥及型号办副主任，型号办调度由火箭公司项目部借用至宇航业务部负责项目管理工作，王冀宁临危受命，一人“分饰两角”，既要完成部门管理，又要管理好型号调度完成型号研制工作。

作为部门领导，他深知首要的使命与责任是带队伍，单打独斗只能做完工作而不能完成事业，为此他悉心指导部门成员，以项目计划为例，2020 年 7 月酷暑的四个周末，他带领两位主管调度，在东配楼协调间，从早上八点半到晚上九点，针对工程研制阶段大型地面试验项目多、试验状态复杂、产品配套多等情况，紧扣研制目标，将 11 项大型地面试验编制纳入一本计划网络图，理清试验项目间产品、资源的逻辑关系以及对设计状态完善的影响。逐个试验制定专题实施计划，排定试验方案评审、试验任务书下达、试验件（含试验工装）生产及齐套、试验进场和试验节点、试验结果评审等实施计划，指定试验管理负责人和技术负责人动态跟踪项目进展，做到工作项目清楚、计划节点受控、产品配套明确、工作责任落实，后续基本实现了试验按时进场，准点完成试验，快速反馈设计闭环。

再如，在成本控制方面，王冀宁利用所有能用的时间向部门成员传授经验，以结构系统为例，他向主管调度说明材料单价、废料占比、车床铣床单价等，带着主管调度下车间、进厂房；以整流罩生产为例，联系物流梳理框桁面板的物料，与 3 车间协调零部件生产，与 11 车间协调喷涂，与 15 车间多次沟通型架资源等，经常熬夜通宵解决型号短线。他还与员工共同讨论经费控制方案，迭代控制措施，最终实现研制经费与单发成本双受控。

2022 年国庆节是型号首飞总装关键期，同时面对疫情多轮反复的影响，王冀宁带头坚守岗位，制定详细的防范方案，并带领青年突击队赶赴海阳开始了首飞总装前最后的冲刺。为了满足疫情防控需要，保障型号任务有序推进，王冀宁即便因工作事项回到北京也选择住在单位，避免因为疫情耽误工作进度，即便孩子思念也未能回家，同事们为此笑着说他“三过家门而不入”。从国庆节进场到即将首飞的两个月，他只休了两天。白天在现场协调解决资源、技术、安全等问题，晚上还要加班写报告，经常忙到后半夜才休息。

一人既要承担部门领导工作，同时要完成型号管理职责，难度极大，但王冀宁通过过硬的工作能力，精益求精的工作作风，极好地完成两个角色，为捷龙三号型号首飞圆满成功、部门职能完善、实现公司经营历史性突破作出了卓越贡献。

2022 年 12 月 9 日 14 时 35 分，捷龙三号发射指挥舱里爆发的欢呼声打破了沉寂，捷龙三号首飞圆满成功。2022 年 10 月至 11 月，在捷龙三号首飞任务的总装总测期间，王冀宁日夜坚守在海阳总装厂一线，完成大系统协调及型号各类问题解决，为型号首飞成功扫清障碍，但因为工作需要，首飞前他临时被调回北京处理公司重点工作事项，未能亲眼见证捷龙三号成功发射。2022 年 12 月 9 日，身在北京的王冀宁与型号留守北京的专家正紧张地盯着发射转播大屏幕，焦急地等待消息，他一言不发地一直站立着，直到听到“圆满成功”他激动地跳了起来，18 个月的不懈奋斗获得了回报，所有的付出都是值得的。

从捷龙一号到捷龙三号，王冀宁展现了火箭青年敢担当、肯奋斗的榜样精神，在型号工作中作出了巨大贡献。“凡是过往，皆为序章”，面对巨大成绩王冀宁表现出异常的冷静，他深知过去所取得的成绩都只是新的“起点”，而非“终点”，作为一名商人航天从业者，他将拿出青年人的闯劲和拼劲，创新突破、挺膺担当，为火箭院在商业航天领域快速发展贡献自己的智慧和力量。

追梦路上那个“笑着笑着就哭了的小姐姐”

孙振莲，出生于1987年10月，硕士研究生毕业后，入职火箭院北京航天发射技术研究所，主要从事运载火箭地面回收领域工作。2022年度荣获院突出贡献奖、巾帼建功标兵，所优秀职工卓越奖；2023年被评为“丰台好人”。

她曾是长征五号系列火箭发射支持系统型号主管，她是那个曾让全网动容的“笑着笑着就哭了”的“小姐姐”，她用实践圆儿时“仰望星空，探索宇宙”的梦想，她用艰苦奋斗的美丽身影让报效祖国的理想熠熠生辉，在祖国南端——海南文昌建成了国内最大的低温火箭加注系统，她让拼搏的汗水在建设航天强国的道路上绽放光芒。

决心为国防事业作贡献的“少女梦”

在黑龙江东北部，有一座小城与俄罗斯隔江相望，那里就是孙振莲的老家——森林之都伊春。在那个贫瘠寂寥的偏远小城，星光是她最亲的伙伴，漫天星光照亮求学的路，为她指引前进的方向，儿时的她最爱仰望星空，满天繁星点亮了她童年的梦想。

那时的她，不知道什么是火箭飞船，对嫦娥和月亮的一切美好幻想，都源于当时家中的一台 14 寸彩色电视机。一天清晨，电视机里播放了“以美国为首的北约悍然用导弹从不同角度袭击了中国驻南斯拉夫大使馆”的新闻，悲伤和愤怒交织在这个 12 岁少女身上，与儿时探索宇宙的梦想缠绕在一起，在心中深深埋下了一个为国防事业作贡献的“少女梦”。

凭借顽强的毅力和坚定的报国理想，这个小镇姑娘如愿考上国防七子之一的北京理工大学。这个梦想为国防事业作贡献的少女在学校如饥似渴地学习，像男孩子一样沙场练兵，参加最严格的军事训练和实习，坚硬冰冷的坦克虽与她披肩长发、温婉娇小的身影形成了鲜明对比，但却将她骨子里红色血脉衬得越发汹涌澎湃，坚定的报国理想与青春热血汇聚在一起，优异的成绩为她日后

孙振莲在测试发射大厅

的工作打下了良好的基础。

含泪奔跑初心不改

大学毕业后，她义无反顾地选择了中国航天。幸运的她，赶上了航天的加速时代，加入了长征五号型号队伍，来到海南省文昌市龙楼镇“星光”村，那时还没有修路，她和伙伴们跋涉于椰林和荒地之间，走路都要很小心，生怕一不小心“打扰”到剧毒的竹叶青和银环蛇。海南的闷热与潮湿考验着这个来自北方的姑娘，烈日灼灼下的她声音嘶哑地说不出话就写字来回答，遇到雷电暴雨就见缝插针，只要雨停了、风小了就不分昼夜进行工作。恶劣的自然条件丝毫没有阻挡她前进的步伐，她和伙伴们建成了国内最大的低温火箭加注系统，创新研制了活动发射平台，突破了多项关键技术，首次实现了我国低温运载火箭全流程测发一体化集成，在祖国的南海之滨，绘就了一幅波澜壮阔的战斗画面。

2016 年 11 月 3 日，孙振莲带着她刚出生 42 天的孩子，来到海南发射场，面朝大海，仰望星空。远处大火箭如同她怀中的婴儿，带着她所有美好的祝愿，伴随着强劲的轰鸣，飞向天际。长征五号首飞成功，让大地震颤，整个世界都听到了中国梦澎湃的脚步声。

崭新的型号，崭新的出发点，大家准备接过长征火箭家族的接力棒，然而，接到的却是当头一棒，所有长五人，永远都忘不了 2017 年 7 月 2 日这一天，长征五号遥二失利，中国航天陷入至暗时刻。那天晚上，试验队员们从大厅回来，直接去了会议室，食堂准备了加班餐，试验队三百多人，没有一个人吃饭。回想 2016 年遥一成功的晚上，歌手在食堂现场演唱了《飞天利箭》，为首飞成功喝彩，食堂一片欢腾，成功有多喜悦，失败就有多凄凉。

那段时间，大家压力巨大，一项项重大任务在等着孙振莲和她的队友们，记得长征五号李东总师写过一首词：怎堪回首说断箭，泪满面，肝肠断，风霜寒暑十三年，一夕霜过，江东父老，愧疚无颜见。

孙振莲和同事们没有时间和精力去悲伤，只能夜以继日地埋头归零，但一次接着一次铩羽而归。捕捉到大家情绪的变化，长征五号第一总指挥第一时间为所有人讲党课，凝心铸魂。他说："强者不是没有眼泪，而是含泪奔跑。"孙振莲知道，他讲航天事业的发展脉络，是让大家不要忘了来时的路，最勇敢的脚步也从来都是无路标可寻；他讲航天人的心路历程，是告诉大家老一代的航天人去了，生命的火焰化作太空中永恒的星光，崇高的精神必会化作后来者不竭的力量源泉。

2019 年 12 月 27 日，长五火箭复飞圆满成功，经历了至暗时刻，就像伦勃朗的画，在玄黑色的背景下，光显得更为闪亮。那天在指挥大厅里，央视的镜头无意间记录下眼含热泪的孙振莲，没想到全网刷屏，网友称孙振莲为"笑着笑着就哭了的小姐姐"。其实不只有孙振莲自己，所有的试验队员这 908 天都是在"含泪奔跑"。

2020 年 5 月 5 日，长五 B 火箭首飞成功，用实力回击了舆论对中国航天的质疑，点燃了抗击疫情的火炬。然而，来不及庆祝，因为距离火星探测的发射窗口仅剩两个多月，如果错过了窗口期，中国的探火计划就要推迟 26 个月。留给孙振莲和队友们的时间只有二十多天。

发射支持系统设备是一次配套，多次使用，发射后需要进行检修和更新。五月的海南，室外气温将近 40 摄氏度，不工作都喘不过气来，孙振莲一天都没有休息过，热到中暑，喝几口藿香正气水后继续坚持，靠着一碗碗的绿豆汤，坚持了 26 天。她和队员们咬紧牙关们硬是将 90 多天的设备恢复周期压缩为 26 天。

终于，2020 年 7 月 23 日，长五火箭不负众望，将天问一号直接送入地火转移轨道。2020 年 11 月 24 日，长五遥五火箭再次成功发射，将嫦娥五号送入预定轨道。

在问天的路上，有钱学森从美国归来那漫卷诗书喜欲狂的脚印，有任新民院士拐杖布鞋走进荒漠的脚印，有龙乐豪院士一夜白头后带领大家在挫折中奋起的脚印……这些脚印，凝聚成了中国航天三大精神，形成了航天人的集体人格，也刻进了孙振莲娇小的身体里。

矢志追寻道阻且长

2022 年，孙振莲带领团队开展新一代近地载人运载火箭一子级重复使用地面回收系统方案论证，按照动力学相似原理完成网系回收装置缩比试验技术方案的确定、技术设计以及试验验证。站在航天强国建设的关键时点上，宇航领域市场庞大，未来发展可期，中国的航天梦加速推进。她说："长征十号集结的号角已经吹响，载人登月、火箭回收，建设航天强国的使命在肩，排山倒海的任务日复一日地紧逼，责任的弓弦蓄势待发。"

孙振莲是踔厉奋发、奋进前行的典型代表，也是成千上万航天青年的缩影，她用实际行动，诠释了青年一代传承航天精神，肩负重任砥砺前行，创新思路开拓进取，志存高远不负青春的使命担当，把"个人梦"与"强国梦"结合起来，既是追梦者，又是圆梦人，他们让青春之花在祖国最需要的地方绚丽绽放。

产业园无畏守护者

赵涛，出生于1990年7月，大学本科毕业后，入职火箭院航天万源实业有限公司，主要从事天津园区服务保障工作。获院行政保障突出贡献个人、院突出贡献经营人员、院安全先进个人，公司安全先进个人、公司优秀共产党员、公司突出贡献技术人员等多项荣誉。

担当是航天人的脊梁，拼搏是航天青年的翅膀。赵涛是位90后，加入火箭院航天万源实业公司10余年来，他始终以“服务航天、保障科研”为己任，将火热的青春投入天津火箭园区建设中，践行了“一路护航”的庄严承诺。

初出茅庐，凭着一股倔脾气苦练本领

今年34岁的赵涛，却已是天津园区保障团队的“老人”，21岁那年，刚刚大学毕业的他就光荣地成为了天津火箭园区的第一批建设者。

“第一次踏上这片土地，放眼望去全是盐碱地，当时周边没有任何生活配套设施，连最基本的吃饭、睡觉、出行都是问题。”赵涛回忆着十多年前的艰苦岁月。那时的他怀揣着一片建设航天的赤诚，跟着团队一起协调物资、搬运材料、搭建板房。为了解决吃饭问题，他每天骑着二手电动车到 5 千米外的菜市场购买食材，厨具简陋，但他也在那段时间练就了一手好厨艺。

2011 年的天津产业园区百业待兴，摆在团队面前的是前所未有的挑战。赵涛没有被眼前的困难打倒。随着园区内各大厂房的建成，各动力站房也迎来了竣工，如何确保顺利承接查验和稳定运行成为动力团队的当务之急。要想实现完美承接查验，就必须对电力、给排水、消防、暖通、锅炉、压缩气等 5 个专业的技术了如指掌。

为了更好地完成工作，赵涛每天利用业余时间自学 5 个专业，还给自己制定了周密的学习时间表，俨然成了多年前那个备战高考的学生。遇到难题时，他经常“自我叮嘱”：“一定要吃透技术原理。”就这样，他熟练掌握了发电机、变压器、输电线路等设备的运行原理和维护方法，甚至连当时觉得最难的暖通专业、锅炉和压缩气专业也一样不落，在苦练本领的这段时间，他还成功考取了二级建造师、注册安全工程师。

深耕专业，一体化护航迭代升级

随着航天型号任务的高密度发射，科研服务保障需要更高质量的适配，赵涛迎来了更加艰巨的任务。

“智慧园区一体化保障”，最初接到这个命题时，赵涛一脸愁容。“把我们自己负责的业务理顺没问题，这一体化可是要牵动很多家单位的，既要有现代化的服务模式机制创新，又要下大力气去协调沟通。我来牵头能行吗？”虽然有担心，但组织有要求，他还是硬着头皮扛起了责任，带领团队一路摸索前行。

3 个月的殚精竭虑后，他主导编制的天津园区一体化服务工作清单亮相，初步实现了只要科研生产和园区管理任何一个环节提出需求，找到任何一名保障人员，都能推动“一条龙”服务闭环，并且这样的保障效果还会在不断实践磨合中进一步完善！很少有人知道赵涛是怎么从最基础的工作起步，一步步搭建起一体化服务网络的，但过程中他对待每项问题的态度却足以说明一切。

在研究园区动力站房相关保障措施过程中，赵涛敏锐地识别到搭建智慧电力监控平台的重要性。他说，“上了这套系统，我们可以用信息化、智慧化的手段一步解决‘安全、高效、降本’这三大问题。”然而，由于资金、归属、管理等复杂现状，实现对园区内 37 座变电站电力监控系统的全覆盖并非易事。

赵涛与家人

赵涛知难而进，与一线电力技术员、设备厂家反复研究，一趟趟往返各现场踏勘，一次次向不同的甲方单位“推销”新系统的优势，他以专业和真诚说服了协作人员，大家一起确保了方案的可行性和有效性，并于 2023 年成功推动了天津园区内 23 座变电站接入智慧电力监控平台，为园区电力设施安上了“科技心”和“智慧眼”。

赵涛常说：“一体化是实现企业高质量发展的重要手段。我们是航天工业园区服务保障产业链链长单位，就是要发挥好一体化管理职责，在‘一体化’这件事上，我们绝不掉队。”面对后续任务，赵涛有信心将这一成果扩展至园区内所有变电站，实现电气数据、环境数据的实时监控，进一步提升数据分析能力，实现无人值守运行管理模式的转型升级。

安心工作，你的终身“室友”绝对靠得住

十多年风雨坎坷，赵涛对选择航天作为自己忠诚一生的事业从来没有后悔过，但每当面对家人，这位铁骨铮铮的汉子又总是充满愧疚。由于赵涛在工作上倾注了太多时间和精力，妻子主动接过照顾父母和孩子的重担，还时常笑称他们是同甘共苦的“室友”，但他却总能机智地化解“危机”：“老婆，家里的脏活儿累活儿你都别动手，留着给我，你的终身‘室友’绝对靠得住。”

2022 年国庆节前，天津滨海新区疫情严重，为了阻断疫情保证科研生产，火箭院决定暂时封闭园区。接到通知，赵涛就带着被褥第一个入住到单位方舱。期间，从他全力组织核酸检测到多次组织召开京津两地会议，从积极配合天津疾控中心的防疫措施到无条件服从后方指挥部的统一管理，从口罩防护服等防疫物资发放到热水器安装等生活保障，赵涛以及他带领的团队

不分日夜地忙碌，尽最大努力让园区内的航天员工感到温暖舒适。

30 多天，赵涛每天仅能在空闲时间给家里打一次电话。那天，不满 3 岁的女儿突然高烧、呕吐，妻子不忍心耽误他工作，一个人抱着孩子赶往医院，排队、挂号、哄着怀中难受的孩子，从清晨折腾到深夜，妻子硬是没有给他打过一个求助电话。后来知晓整个就医过程的赵涛自责不已，愧疚和心疼一齐袭来，七尺男儿湿了眼眶：“对不起老婆，我本应该和你一起承担，让你受苦了。”妻子安慰道：“安心工作，你的终身‘室友’绝对靠得住。”

疫情过后，赵涛回忆道：“天津产业园的科研生产没有因为疫情而中断，这是所有护航者的骄傲。”但这其中苦楚他却从不曾提及。

苦难塑造品格，磨砺成就人生。吃苦耐劳已经成了赵涛多年来的行为模式，日复一日、默默坚守，赵涛用他无悔的付出信守护航誓言，在支撑航天强国建设的伟大征程中尽情绽放火箭青年的夺目光彩。

敢拼敢闯赴荒原　且以青春践誓言

某项目总体青年团队来自火箭院战术部，是一个胸怀赤诚、激情澎湃、创新开拓的总体设计团队，他们秉持艰苦奋斗的精神，在关键技术攻关及严酷工作环境面前不屈不挠，以实际行动诠释着对祖国的忠诚、对用户的承诺，成为国防事业中一道亮丽的风景线。

腊月天山雪，无花只有寒。

这里没有“千树万树梨花开”的胜景，寒风呼啸的荒原上，火箭院某项目总体青年团队在恶劣天气下，为支撑用户完成重要演示任务，已在试验场工作了数月，他们克服了当地昼夜温差巨大的艰苦条件，努力适应环境变化带来的头晕疲惫感，与风雪作伴，与繁星相陪，圆满完成了任务。

“这次效果非常好，要在全区广泛借鉴”“软件系统要融合落地”“安排参与后续演示”“重新认识了火箭院”，演示任务结束后，用户领导为火箭院某项目总体团队大大“点赞”，对他们的出色表现给予了高度评价，“火箭院的队伍值得信赖，我们要继续深入合作，把后续工作做实做透，实现产品效力、效率、效益提升。”

敢为、有为、善为，弯道超车赢竞标

“其他单位前期论证过，指标无法满足要求”“我们前期调研过国内相关单位，这种方案肯定行不通”……接到了看似不可能完成的任务，项目团队“临危受命”，从“零”做起，一方面翻出了专业基础书籍，从基础专业公式推导入手，确定技术路线合理、可行；另一方面遍访国内优势企业，广泛汲取智慧，将航天传统专业技术优势与国内新兴企业专业经验融合。他们完成多项地面验证试验，历时一年多反复迭代，实现从理论公式到考核试验的大跨越，通过与竞争对手完全不同的技术路线解决关键技术问题，实现了弯道超车，确定了竞标优势，支撑项目竞标顺利入围，成功进入某新领域，为争取该领域更大的“订单”奠定基础。

团队成员学习讨论

新领域、新角色、新战场，精研用户需求

“以用户为中心”，这句话大家都耳熟能详，如何“落地”才是关键。进入新领域后，如何持续提升用户满意度？火箭院战术部的青年们想用户之所想，急用户之所急，既是技术高手，又是市场猎手，人人都是产品经理。以点拓面，他们分头奔赴各用户单位，与用户一起研究产品在实际运用过程中的堵点、痛点问题，通过新质技术为产品赋智能、生能力。

“你们这个想法太好了，帮我们解决了存在的问题隐患，产品的使用性能超出预期”“看了你们的方案，还真是不错，要不拿到我们这里试用一下吧”，团队的热忱推介打动了多家用户，取得了意想不到的市场拓展效果。通过与用户深入沟通了解需求，团队反复迭代方案，火箭院的智能运用相关产品得到了用户的充分认可，满足了不同用户提出的“系统融合接入、数据真实可靠、算法模型确认、智能场景聚焦”的高标准要求。这支青年团队用过硬的技术争取到了参与用户全链路的演示机会。

小核心、大配套、强协同，发挥总体统筹作用

为了做好任务准备，团队迅速行动起来，组建由多家协作单位组成的试验队。考虑到团队需前后协同、多线任务并行，战术部作为总体牵头部门，优化配置、精简人员，由1名青年骨干常驻试验场负责团队的衣食住行、技术协调及与用户对接等事宜。总体人员充分发挥“抓总”职能，在高质量完成任务协调的同时，通过无微不至的生活保障消解了外协单位参与人员的畏难情绪。这正是在市场竞争激烈、多线任务繁重情况下，“小核心、大配套”总体工作理念的具体实践，成为用户认可火箭院队伍作风、认可战术部“善战善赢　惟精惟一”核心价值观的一扇窗口。

同吃、同住、同训练，过硬作风展形象

“这是咱们火箭院团队首次在用户面前亮相，我们要抓住一切机会展示优势。”为了更好地融入用户演示链路，青年设计师小那化身“小跟班”，紧盯用户需求，优化工作流程，提升演示效果，为火箭院产品争取更多的展示时间。他一遍遍彩排流程，不停提出“假设”：如果出现雨雪天气怎么办？大风会不会影响系统稳定运行？供电线路载荷有裕量吗？多家工业部门同场竞技，信号受到干扰怎么办……每一项“假设”他都制定了应急处置预案，确保了万无一失。

“来了就要融入，我们要以用户的标准要求自己，展示工业部门良好形象”，这是队员们来到试验场后，小那向大家提出的第一个要求，“两人成

团队成员测试设备

行，三人成列”已经成为了大家的出行习惯。驻守试验场时间最长的小那，经常被当地人误以为是用户的一员，超强的紫外线将这个来自东北的年轻小伙子“染”得黝黑，全身上下每一处都深深沾染了用户特质，那是一种坚毅忠诚、令行禁止交织而成的严肃作风。

“我爱人说，让我安心工作，她来守护小家”，试验队员小斌回忆道，出差期间他时常打电话关怀家中身怀六甲的妻子，但妻子总说：“我和孩子一切都好，你们单位一直跟我保持联络，家里有需求你的同事们都来帮忙。家里的事儿你不用操心，我等你凯旋。”

作为入职不满一年的“新兵”，设计师小朱一人负责两个系统的用户对接。为了能够随时随地快速响应用户需求，他与两台外场用笔记本电脑形影不离，那左右两侧斜挎着略显陈旧的电脑包的模样，宛如一个充满活力与斗志的双枪小战士，随时准备投入激烈的战斗中去。

群山巍峨，银河流转，雨雪迷蒙，风沙四起，项目团队的青年们，将挑战转化为动力，用蓬勃的活力消融了寒意，成为荒原上一道生机勃勃的“航天蓝”风景线。征途漫漫，成功来之不易，他们用实际行动诠释着对强国强军使命的执着与忠诚，谱写了一曲艰辛与喜悦交织的奋斗篇章。

中国航天
CZ-2F

第四篇

青春有为　奋斗以成

篇首语

民族复兴的使命要靠奋斗来实现，人生理想的风帆要靠奋斗来扬起。

——习近平

奋斗是青春最亮丽的底色，行动是青年最有效的磨砺。回首中国航天60多年的发展历程，没有广大航天人特别是一代代青年前赴后继、艰苦卓绝的接续奋斗，就没有今天的中国航天，更不会有实现航天强国的美好明天。一直以来，广大火箭青年坚定不移听党话、跟党走，与祖国共奋进，与人民同奋斗，展现出自信自强、刚健有为的精神风貌。面对敌人核威慑，青年们艰苦创业，搭帐篷、住仓库，开荒种地、养猪养羊，用勤劳和汗水解决缺衣少粮的问题；面对苏联专家统统撤回，青年们苦心研究，誓要搞出自己的“争气弹”；面对西方国家技术封锁和打压，青年们坚持自力更生，苦练本领，协同攻关，长征火箭腾空而起，助力中国人实现千年飞天梦，东风快递、使命必达，铸牢抵御一切来犯之敌的钢铁长城。一代代青年在各自平凡的岗位上默默奋斗、砥砺拼搏，用实际行动践行着“请党放心、强国有我”的青春誓言，点亮了中国航天的光明前景。

新时代是奋斗者的时代。青春力量，青春活力，青春奋斗，是中国精神和中国力量的生命所在，火箭青年要在青春的赛道上奋力奔跑并跑出最好成绩，就要勇于做走在时代前列的奋进者、开拓者、奉献者，把奋斗精神体现在做好每一件小事、完成好每一项任务、履行好每一项职责的实际行动中，让青春在不懈奋斗中闪光。

党的二十大作出了加快建设航天强国的战略部署，集团公司提出到 2025 年推动我国跻身世界航天强国行列，到 2030 年推动我国全面建成世界航天强国。今天的火箭青年，到 2025 年风华正茂，到 2030 年正值壮年，到 2045 年仍年富力强，必将与航天强国建设这一伟大的历史进程同生共长、命脉相连。这是时代赋予火箭青年的使命，火箭青年要自觉融入航天强国建设的历史洪流，让人生在实现航天梦的奋进追逐中展现出勇敢奔跑的英姿，以“功成不必在我，功成必定有我”的心态，不计较得失，不贪图享受，在各自岗位上顽强拼搏，把奋斗的足迹印在实现航天强国的征途上。

航天强国的道路不会一帆风顺，往往荆棘丛生、充满坎坷，特别需要火箭青年发扬艰苦奋斗的精神。火箭青年要做到衣食无忧而不忘艰苦、岁月静好而不丢奋斗，坚决摒弃躺在前人功劳簿上享乐的“坐享”心态，不思进取、得过且过的“躺平”心态，把负重前行当吃亏、“躲进小楼成一统”的逃避心态，拿出顶风破浪、勇往直前的豪气，明知山有虎、偏向虎山行的胆气，披荆斩棘、除旧布新的锐气，勤奋学习、躬身实践，主动到航天强国最需要的地方拼搏奋斗，以青春之我、奋斗之我，向着伟大梦想奋勇前进，用奋斗赢得更大的胜利和荣光！

为了项目倾注青春热血

毕效笙，出生于1990年5月，博士研究生毕业后，入职火箭院研究发展中心，主要从事水动外形设计工作。获院科技进步奖二等奖3项、三等奖1项，获研发中心优秀党员，所在试验团队获院星级团队。

“我愿意将我所有的青春时光、努力与奋斗都献给航天。”火箭院研究发展中心设计师毕效笙这样说也是这样做的。他虽是新入职的青年员工，但在工作中的表现却像一个经验十足的“老手”。遇到技术难关，他主动请缨破“关”；遇到艰巨任务，他“揭榜挂帅”勇挑重担。在同事们眼中，他是新员工中的“热血青年”，也是技术上的“攻关能手”。

与困难做斗争，我无所畏惧

新产品在即将进入关键试验阶段时，一个技术问题突然浮现，解决这个问题至少需要进行一个月的户外试验，当时整个研究团队所剩的研制周期不到一个月，研制工作陷入了困境。这时，作为新产品的技术负责人，毕效笙主动请缨，前往试验场。他深知，这个项目直接关系到新产品的未来和市场前景，所以他必须去。

然而，试验面临的困难超出了他的想象，试验场地成了他进场试验首先要解决的问题。使用试验场地的时间早已约满，毕效笙要想做试验，只能“紧急插队”。抵达试验场后，他积极与其他研究团队协商，争取到中午与傍晚的休息时间进行试验。

中午 12 点，太阳高悬，酷热难耐，很多人都在室内避暑。但毕效笙却穿着厚重的防护服，手持试验设备，顶着烈日开展试验。汗水从他的额头滑落，湿透了衣背，但他全然不顾，眼神坚定而明亮。

试验过程中，他遇到了各种各样的困难。有时，设备出现故障，需要他紧急维修；有时，试验数据出现异常，需要他反复核实。但无论遇到什么难

毕效笙

题，毕效笙都坚持不退缩。凭借着坚强的意志力，他一次次克服了困难，顺利完成了试验任务。

3 周后，毕效笙带着大量宝贵的试验数据回到了实验室。他不仅提前完成了试验，还成功解决了技术难题，推动项目继续进行。在毕效笙看来，科研就是在技术尖端不断攀登的征途，只有那些敢于面对困难、勇于挑战自我的人，才能站上高峰。

寻回目标成功率100%，我全力以赴

在产品试验中，能否将产品成功寻回至关重要，因为所有的试验数据都在最后的产品上。然而，由于传统寻回产品的设备条件有限，一些产品很难找回。这一问题一直困扰着科研团队，影响着试验的进展和效率。

毕效笙决心攻克这一难题，于是主动揭下这张“任务书”，担任这个项目的寻回技术负责人。重担在肩，他开始深入研究寻回系统的原理和技术，尝试将多种方式进行集成优化。

在研究技术时，毕效笙发现真正能运用在寻回系统上的理论寥寥无几，而在此基础上找到方法，更是举步维艰。但他没有被眼前的“难”困住脚步，而是更加努力地研究、学习。无论是工作日的休息时间，还是周六日，毕效笙都在办公室潜心研究。“调试一次系统，差不多就要半天的时间，加上下班时间，我一天能够调试 3 次。”毕效笙回忆道。

经过多次试验和调试，毕效笙成功开发出了一套集成示位、信号匣、拦截网等多种方式的寻回系统。这套系统不仅将产品寻回的效率显著提升，而且还大大缩短了试验周期。

寻回系统工作效率显著提升，更为该产品的后续研发和推广奠定了坚实

基础。“你的这项试验成果将会大幅提升今后的试验成功率，做得真不错！”部门领导对毕效笙的研制成果十分认可。

让试验跑起来，我开辟新路

在产品的试验过程中，偏降问题一直难以解决，计算偏降范围是攻克难题的重中之重。一旦产品体积过大，偏降的距离就会增加，对试验产品产生的不良影响就会加大。

2023 年年中，部门领导研究决定将解决偏降问题这项重要任务交给毕效笙，他接到任务后，迅速展开了深入的理论学习，想从中找到全新方法。“我

毕效笙与同事一起开展产品测试

认为，解决偏降问题的关键在于基础理论，解决了理论问题，问题就解决了大半。”毕效笙说道，他尝试着将物理和数学的多种公式结合起来，研究一套精确又系统的理论方法，来计算偏降范围。

新理论也需用新方法试验。经过反复试验和调试，毕效笙成功“开辟”出一条能够高效计算偏降范围的新路。他利用程序，将多个物理公式与数学公式相结合，刻画出一套“事无巨细”的系统，只要在系统中输入具体数据，便能得到偏降范围的准确数据，实现了对偏降问题的精确处理。“原先需要一周才能处理的工况，现在仅需几分钟就能得出结果。”毕效笙说起这个新方法十分自豪。

这一全新方法不仅极大地提高了工作效率，还使得科研团队能够更快速、更准确地获取多项产品的试验数据，为产品的优化和改进提供了有力支持。“有了你的这项技术，我们再做同类试验时，效果就会更好了！”毕效笙的这项成果不仅为科研团队带来了显著的成效，也为整个行业的技术进步作出了重要贡献。

毛主席曾写道，“雄关漫道真如铁，而今迈步从头越”，毕效笙在工作中越发对这句诗心生感慨。求知求真之路道阻且长，每一次面对新的领域、新的技术都像一个从零开始的学徒，知难是对未知领域的敬畏，奋进是对更高追求的向往。正因为在工作中知道了这份艰难，毕效笙才知道困难是推动领域技术前行的催化剂，是发展与进步的原动力。时代的浪潮永远向前，舒适区就是悬崖的边缘，满足于现状就是坐以待毙，作为研发创新的先头部队更应担负那份面对未知与艰难的责任。

不畏艰难，勇于创新，追求卓越。毕效笙用自己的实际行动诠释着心中的科研精神，为了祖国，他愿意将自己的青春和智慧全部奉献给航天事业。

一往无前造“利器”

董帅，出生于1988年7月，硕士研究生毕业后，入职火箭院总体设计部，主要从事仿真系统与仿真平台的总体设计与开发工作。获院科学技术进步奖一等奖1项，发表论文5篇，申报受理专利17项，已授权5项。

工欲善其事，必先利其器。仿真平台及应用系统是实现服务体系和工业软件自主可控的重要基石。体系中心员工董帅是研发体系仿真平台的核心主力，他和团队成员一起，用自己的所学、所想、所知打造出体系仿真平台这把“尖刀”。

初涉仿真开启人生新征程

“董帅，咱们接了一个大项目，是火箭院的，需要你跟一下。”2013 年，董帅读研究生的最后一年，这通来自导师的电话打破了实验室的宁静，也是董帅和仿真系统与平台的初次“会面”，为他打开了新世界的大门。那时，董帅对于“航天”并不熟悉，也没想到这两个字会在未来成为他工作的主旋律。

董帅的研究方向是分布式计算和自然语言处理，专业不是完全对口。为了能拿下项目，董帅开始自学，他深入了解国内外仿真系统，白天编写设计方案、进行软件开发，晚上自学《远程火箭弹道学》《雷达原理》等航天专业书籍，并着手编写仿真模型。

在这个过程中，董帅得到了院里很多航天人的帮助，“大家无时无刻不在为如何推进项目而努力。”他也深深被航天人不怕吃苦、敢于挑战的品质所感染，被求实、严谨的工作作风所震撼，“原来我们的工作也可以为祖国建设添砖加瓦！”

在董帅的努力下，项目顺利结束。不久后，他果断向院投送简历，开启了自己作为航天人的征程。

追逐行业前沿开拓技术领域

2016 年，在与用户以及仿真科研人员交流时，他了解到一种新的离散事件仿真平台和组件化建模思路席卷了整个仿真领域，正在广泛地推广使用，董帅敏锐地感觉到这次的行业变革会深深影响行业发展，体系仿真技术正由集中式仿真向分布式仿真转变，仿真建模正向面向接口建模组件化、参数化建模转变。

夜已深，董帅还坐在电脑前查阅“组件化”“参数化”建模相关的文献。工作太久，疲惫的他趴在桌子上睡着了，在梦中，董帅的脑子里出现了一个

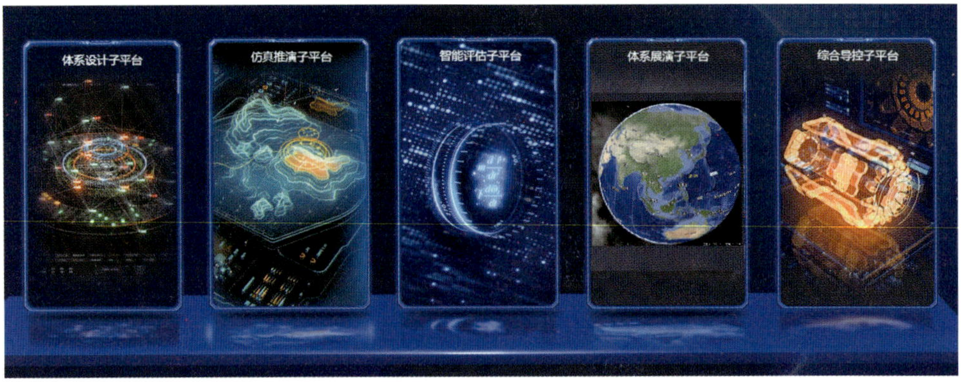

天玄体系仿真平台

词——格物致知，他猛然惊醒：组件化仿真建模不就是格物致知吗！两者本质上都是“解构与重构”：解构就是将事物拆分，形成一系列“原子级”元素；重构则是将元素重组，从而形成新事物。

然而，查阅文献只是开展组件化建模的第一步，“千里之行始于足下”，必须开始动手搭建才能真正实现应用。仿真引擎机制设计为商业秘密，市面上拥有成熟技术的商业公司不愿意与董帅深入交流，他只能根据表象去反推原理。体会到被“卡脖子”的滋味，董帅立志要打造新的仿真引擎。

日夜不分连轴转，董帅在实验室通宵了一个星期，终于测试通过了第一个组件化模型，建设完成了面向航天型号的组件化模型库。随后，模型组件库在用户仿真项目中小试牛刀，仅半个月就完成系统搭建，董帅所在研究室的领导说：“他们建设的这个组件化模型库有力支撑了用户竞标工作。”其后，董帅和团队成员又承担了多个仿真项目，陆续完成了模型组件库在多个型号中的应用，打响了名声。

步履不停突破关键技术

组件化模型库虽已建成，千辛万苦建设成功的模型库是基于第三方仿真平台的，后续的升级改造空间较小，技术方案和实施途径都受制于人，虽然掌握了全部模型代码和设计文档，但董帅却一直将研制新的平台放在心中，并不断积蓄力量，他利用休息时间跟踪学习了大量体系仿真行业标准规范、专业书籍，并向软件开发厂家学习软件研制模式和工具手段。在工作之余，他也不断调研市场上的仿真平台，部署试用，查看使用文档和二次开发手册，找到各平台的接口文件梳理设计架构和思路，深入思考现有平台在操作、建模、评估和可视化方面的不足，时刻准备着搏击新的时代浪潮。

如果将仿真系统比作一盘围棋的对局，那么打造仿真平台就是创造提供博弈环境的围棋，通过设计模型行为规则、战场环境等要素构建一个应对变化万千的基础环境。与此同时，体系领域项目工作正面临着巨大的外部竞争压力，已经立项的体系应用项目和型号试验任务明确要在体系仿真平台基础之上进行研制，“要研制出掌握关键技术的体系仿真平台！”董帅身兼管理和技术开发两职，肩上的责任沉甸甸的。

如何破局？董帅借鉴互联网公司的软件研发模式，采用条目化需求池、任务看板、燃尽图和计划扑克牌等管理手段，并使用代码静态检查工具保证研制过程中代码基本质量，在 14 天内建立了 12 项平台产品软件的配置项，分解需求 300 条，创建 1000 多个开发任务。在承担项目管理职责同时，他还是一名软件开发工程师，负责仿真平台最核心的仿真引擎和模型基类开发。在百忙之中，他不忘担起作为父亲和丈夫的责任，常常会下班后先回家短暂地陪伴妻儿，再返回单位工作到深夜，他笑着说自己“每天陪伴家人 2 小时，陪伴平台 16 小时”。

经过 4 个月的鏖战，新的体系仿真平台具备了基本功能。第一个版本进行试用时，专家和用户提出了多方面的修改意见。面对越来越近的时间节点，团队成员面临着巨大的压力，甚至有人产生了放弃的念头。作为团队主心骨，董帅知道自己必须冷静下来，越是充满坎坷越是要静下心寻找出路：“新的体系仿真平台研发没有捷径，从 0 到 1 的过程，提前暴露问题是好事，不断发现问题并解决问题的过程是平台走向极致的必由之路。”

接下来的 3 个月里，董帅带领团队加班加点、废寝忘食，完成了平台研制，填补了院在自主研发体系仿真平台方向的空白，提升院在体系领域的话语权和核心竞争力。

“在以航天品质打磨体系平台的过程中，我收获了无限快乐，当平台在重大任务中得到应用，我感到无上光荣。”董帅说。今后的日子里，他将一如既往地扎根基础技术研究，继续为航天强国建设贡献力量。

从“黑障”探秘者到航天梦的实践者

柴嵩岩，出生于1987年11月，博士研究生毕业后，入职火箭院北京航天长征飞行器研究所，主要从事某平台设计、目标特性控制、先进等离子体设备研制、智能设计等工作。获特殊领域青年托举人才、院科技进步奖6项，出版译著1部，发表论文16篇，授权专利9项。

在星辰璀璨的宇宙间，总有那么一群人，他们以无畏的勇气和坚定的信念，追寻着航天梦。今天，我们讲述的是一个从“黑障”探秘者到航天梦实践者的故事。从童年的好奇与憧憬，到成年的执着与拼搏，她用青春和汗水书写着航天梦的华章。让我们一起跟随柴嵩岩的脚步，见证她从梦想起航到梦想成真的精彩历程。

梦想萌芽：“黑障”之谜与童心的向往

在柴嵩岩的童年记忆中，总少不了父亲的陪伴与太空的奇妙故事。柴嵩岩的父亲，一个痴迷于太空探索的“太空迷”，经常带着她阅读太空探索的书籍，探索宇宙的奥秘。一个偶然的下午，当柴嵩岩问及火箭穿越大气层时为何会出现通信中断的“黑障”现象时，父亲的话语在她心中激起了千层浪花："这个问题，困扰着中国科学家许久，如果你能解决它，你将成为一位了不起的女科学家。"那一刻，好奇与不服输的种子在她幼小的心灵中悄然萌发，柴嵩岩的心中埋下了对航天事业的无限憧憬与追求。

学海无涯：从吉大到清华再走向世界

柴嵩岩的求学之路犹如星辰闪耀。她以高分考入吉林大学物理学专业，对物理学的热爱驱使她不断进步。本科期间，她便获得了前往俄罗斯深造等离子体物理学的机会。在这片科研的沃土上，她深刻感受到了科技大国在等离子体领域的深厚底蕴，也看到了基础学科对于工程应用的重要性。系统学习等离子体物理理论与工程应用技术后，她更加坚定了追求基础物理科研事业的决心。

随着研究的深入，柴嵩岩发现"黑障"问题不仅涉及等离子体，还与粒子动力学、多流场耦合、电磁学等领域紧密相连。回国直博清华大学后，她选择了与"黑障"问题机理相似的"人造太阳"（核聚变）作为研究方向。清华大学在等离子体与电磁场耦合方面有着深厚的研究底蕴，拥有自己的核聚变装置，为她提供了宝贵的研究条件。她深入研究了等离子体与电磁场的耦合机制，并选择国际热点难题——等离子体湍流

柴嵩岩

能量传递作为博士论文选题。无数个深夜，她独自在实验室里进行实验，探寻着等离子体世界的奥秘。五年的科研训练与学术深造让她离儿时的梦想又近了一步。每当她路过火箭院时，都会满怀期待地望向那片属于她的天空。

梦想翱翔：从学术探索到航天创新

毕业后，柴嵩岩面临了众多选择。然而，她坚定地选择了航天领域作为自己的职业方向。她相信，只有在航天领域，才能将自己在等离子体物理方面的研究成果应用于实际，于是她加入北京航天长征飞行器研究所，开始了追逐航天梦的新征程。

踏入航天事业的第一年，柴嵩岩便将博士期间研究的等离子体诊断技术引入航天领域，对一种关键性能测试平台进行了升级改造。她自研了三维往复式静电探针高精度等离子体参数测量系统，并申请了 3 项专利技术，如今升级后的测试平台已广泛应用于鉴定试验，显著提升了测试效率与精度。她和团队也因此获得了火箭院降本增效优秀团队的荣誉，并被航天长征报、长征电视台等媒体多次报道。

在航天事业的第二个年头，她毅然决然地申请了一项关于解决“黑障”问题的国家自然科学基金面上项目。这项技术虽然国外早已开始探索，但核心的建模方法却对我国设置了重重壁垒。由于涉及大气多组分、化学非平衡反应和等离子体流场的复杂交织，计算难度堪称艰巨。即便国内最先开始研究这项技术的北京航空航天大学李院士团队也仅在理论上对其进行了初步探索，计算出的模型结果与实际仍存在较大偏差。柴嵩岩深知，她所面对的不仅是技术挑战，更是航天工程实际应用的迫切需求。经过无数个不眠之夜，她深入文献调研，与国内顶尖高校交流，反复探讨建模方案，终于找到了一种合适的建模方法，并创新性地提出了几种工程应用场景。短短四个月后，她的项目以全A的优异成绩获得了国家自然科学基金委的立项批复，要知道，当年项目的立项批复率仅为9%，她的成就无疑证明了她的实力与努力。

在接下来的两年里，柴嵩岩专注于解决高密度电能存储和快速充电的难题，长期奔波于各大高校和研制单位，并与新能源车企快充桩的供货商建立了联系。无数次的尝试与摸索，终于验证了快存与快充技术在航天领域应用的可行性。样机试验也充分验证了仿真模型的准确性，使该项目成功结题，并获得了该领域最权威的李院士团队的高度赞誉，双方也因此建立了长期的合作关系，继续深入工程应用攻关，其研究成果也作为航天新技术的内参报告，为集团公司的决策提供了重要参考。

后来，柴嵩岩用一顿晚餐的时间，向父亲讲述了"黑障"的奥秘。她详细阐述了其中复杂的物理问题和难以攻克的技术难题，然后深情地说："爸爸，虽然我不能透露我具体采用了何种方法来解决这个问题，但请相信，我正在做一件前沿且极具价值的工作。感谢您一直是我人生的启蒙老师。"一向乐观的父亲，在那一刻竟然眼眶泛红，显然，他为自己的女儿感到无比骄傲。

如今，柴嵩岩已成为航天领域的技术骨干。她将等离子体技术巧妙地应用于航天领域，成功解决了一系列关于信号传输、中断、新能源利用和转化等的关键问题，以实际行动践行着执着与追求的精神，用责任和担当书写着自己的航天篇章。她用自己的智慧和勇气，描绘出了一幅属于她自己的航天画卷，也为我们展示了一个普通人如何在追逐梦想的道路上创造出非凡的成就。

柴嵩岩的故事激励着我们：只要有梦想、有追求、有执着，我们就能创造出属于自己的精彩人生。让我们向这位航天追梦人致以崇高的敬意！

用实际行动诠释“勇往直前”

葛鹏，出生于1986年9月，硕士研究生毕业后，入职火箭院北京强度环境研究所，主要从事型号管理工作。获院管理创新及技术进步奖7项，授权专利10项。

他是一名技术人员，披荆斩棘、无惧艰难，从零探索解决风电叶片试验技术，完成了全院首次叶片试验；他是一名管理人员，凝心聚魂、使命在肩，担任临时党支部书记期间带领团队圆满完成专项试验任务；他是一名党员，冲锋在前、不忘初心，奋楫潮头，用一次又一次的成功搭起探索宇宙的天梯，在浩瀚的星空中书写航天强国梦。

首战告捷，顺利完成首个风机叶片试验

人生因梦想而伟大，为梦想而奋斗的每个人都了不起！葛鹏一直清楚地记得，2003 年 10 月 15 日中午，学校组织全体师生观看电视直播，航天员杨利伟乘坐的神舟五号飞船由长征二号 F 火箭在酒泉卫星发射中心成功发射。当时正在读高三的葛鹏，看着火箭升空的画面，内心的激动久久不能平复，这也在他心里埋下了种子。毕业后，怀揣着“航天梦”以及对新工作环境和

葛鹏

身份转变的期待，葛鹏加入了火箭院北京强度环境研究所，成为一名试验技术人员。2010 年，刚入职不久的葛鹏和团队一起承担了火箭院自己研制的风机叶片试验。

风机叶片检测领域有严格的行业标准，当时其他风机叶片试验机构采用的方法只能满足基本要求，但试验效率、精度都有待提高。没有完善的风机叶片疲劳试验及静力试验体系，意味着需要从零开始探索。对学力学的葛鹏来说，疲劳试验和静力试验并不陌生，疲劳试验是指在短时间内，让试验件经受全生命周期所遇到的弯折等考验；静力试验则是考验试验件能承受多大力量的拉扯。但面对“院内首次”试验，整个团队也一时没了头绪。

风机叶片与之前做过的火箭尾翼有相似之处，但尺寸更大，且由复合材料构成，这就需要更大的场地和更专业的设备。结合试验周期及场地的考虑，所里决定将叶片试验场地转至建设中的天津新一代运载火箭产业化基地，葛鹏和团队面临的不仅是技术攻坚一个难题了，试验场地也是未知的挑战。葛鹏还记得第一次坐车去基地时的情景，随着车窗外的行人和楼房越来越少，车终于停在了一片偌大的“工地”上。那时天津大运载基地正在打地基阶段，试验场地就在当时唯一建好的空旷厂房中，因为做好了长期驻扎的准备，葛鹏和团队第一时间租了间民房当宿舍，一日三餐靠换班的同事带过来，因为从宿舍到厂房路程较远，饭菜拿到手都已经凉了。“那时的热乎菜都是村民骑着三轮车，来工地附近卖自己家做的白菜豆腐、西红柿炒鸡蛋……味道还真挺不错！”葛鹏笑着说起那段吃饭“随缘”的日子。

解决了食宿问题，葛鹏和团队便一头扎进了试验技术攻关中。风机叶片试验需要 24 小时运转，为确保试验环节和数据不出问题，团队 6 个人 24 小时轮流值班。当试验进入收尾阶段，葛鹏作为负责人主动提出坚守到最后。相较在北京“家里”的同事们，天津大运载基地的厂房显得更加冷清了。特别是值夜班时，空荡荡的厂房里除了自己就只有一名保安和一条狗。夏天蚊子特别多的时候，葛鹏就把自己捂成“养蜂人”。即便这样他也没抱怨过一句，被问到那段时间难不难的时候，他说：“嗨！我们可是干航天的！这点困难算什么！”

从试验设计、论证、集智攻关，这样的日子持续了 18 个月，葛鹏和团队一起解决了试验技术难题，在院内首个风机叶片试验中交出了完美的答卷。

党性在前，探索党建工作与业务中心工作融合发展

2022 年，肩负着我国实现载人登月重大使命的新一代载人运载火箭，由“关深阶段”转入“初样阶段”。作为“转段”节点关键标志之一，所必须高质量保节点完成以多机并联动静联合试验、一级氧输送系统低温出流试验为代表的十项大型试验。责任大、影响远、任务重、技术难、时间紧、标准高，葛鹏描述道：“当时试验产品有的国内首次应用，有的试验技术是国内首创，还有低温出流的特殊试验介质，一不小心就会造成人员冻伤或窒息。除了技术难题，还要考虑人员安全问题，技术攻关和组织实施的难度远远高于以往的型号试验任务。”

相比 12 年前的一座厂房、六人坚守，这次的任务之难前所未有、参试人员之多前所未有、协调工作之复杂前所未有。任务如山，在安全生产、疫情防控的严峻复杂形势下，所党委决定成立专项任务临时党支部，由型号主管葛鹏担起了临时党支部书记的重担，全面负责、统筹协调。

试验在天津大运载基地的两个厂房实施，因为资源有限，葛鹏只能徒步往返基地和两个试验厂房之间处理现场临时突发工作，每天电话协调工作时长超 15 个小时。同事形容他“不是在路上，就是在路上打电话，微信运动永远排第一！”为保证试验任务顺利进行，同时还要严格遵守保卫保密、疫情防控等要求，葛鹏需要频繁与天津园区和当地政府协调，提交申请或开具证明等，手续办理完毕，还要为到津人员安排好隔离保障……他就像一位全能“大管家”，既要抓总试验，又要保障后方。

到 2022 年 11 月，多机并联动静联合试验就要进行收官前最后一项发动

低温流出试验团队

机共线试验，系统复杂，技术风险极高，此时团队成员已经为此连续高强度工作了近 5 个月，疫情的突发给本就繁重的工作又加了一重考验。在这期间，葛鹏为调动团队的工作热情，带着大家围绕试验任务的难点开展技术竞赛，通过一个个小发明、小创造带来成就感。以劳动竞赛的形式，结合各团队的目标和进度要求，进行工作大比拼，将团队从重压下焦虑的工作氛围，转变成摩拳擦掌、跃跃欲试的欢声笑语。最后各团队均按目标和节点完成了工作，还评比出“最佳拍档团队”“越挫越勇团队”“最敬业团队”“最佳老黄牛团队”等荣誉称号。

最终，在大家咬牙坚持下，不仅提前完成试验任务，也为那段特殊的日子增添了别样的光彩。

大道如砥，奋斗如歌。经过葛鹏和大家的不懈努力和通力协作，一个又一个试验成功的好消息频频传来，最终所承担的十项任务全部如期完成。葛鹏和每一位参试人员用一个又一个日夜坚守保障了试验的顺利进行，圆满完成的背后，是别人看不见的艰辛付出。

沉舟侧畔千帆过，葛鹏始终记得研究生导师陈予恕先生的教诲，先生对待学生有四字箴言：“实、足、圆、满”。实，就是踏踏实实去学；足，千里之行始于足下，就是要去实践，要走好自己的路，不管遇到什么样的事情都要坚持走下去；圆，是强调合作，同时也要以平和的心态看待任何人和事；满，强调综合发展。

葛鹏一直铭记且践行着，在工作中遇到瓶颈时，在外部条件艰苦时，在肩负重大压力时，在面对紧急情况时，他始终能从这四字箴言中找到前行的方向。习近平总书记指出：“探索浩瀚宇宙，建设航天强国，是我们不懈追求的航天梦。”葛鹏在这条路上坚定地走了十几年，未来，他仍会在探索和奋斗的路上，逐梦航天，永不停歇。

把“稳”字刻在骨子里

申雄刚，出生于1987年10月，硕士研究生毕业后，入职火箭院航天材料及工艺研究所，主要从事低温绝热材料及工艺技术工作。获院科学技术进步奖1项，授权专利10余项。

火箭要稳稳地上天，离不开做事稳当的航天人。火箭院航天材料及工艺研究所的申雄刚就是一个稳妥可靠的人。平日工作里，他稳中有激情，稳中见速度，稳中解难题，把“稳”字刻在了骨子里，这也让他在航天事业的大潮中能够劈波斩浪，一往无前。

稳中有激情

到生产现场依次提醒需要特别注意的安全和质量风险，这是申雄刚每天工作的第一件事。检查完现场后，他便来到3楼的办公室，习惯性地列出一天的工作待办事项。车间各任务的进展情况、技术报告的编写、产品生产进度的跟进……大大小小的事项密密麻麻，一罗列就是一张纸。

纷繁复杂的工作申雄刚处理起来有条不紊，严谨又高效。在日复一日的忙碌中，他的激情显而易见。从入职至今，时间已经过去10年，而这份激情从未改变。

刚毕业那会儿，不少师哥师姐踏入了航天事业的大门，他也满心向往。在申雄刚看来，航天领域大有可为，航天事业无上光荣。至今他仍然记得，在得知通过入职面试的那一刻，自己的内心有多么激动。

2014 年，天津新一代运载火箭产业化基地迎来了发展的新时期。那时的申雄刚还是一名基层技术人员。对未来充满激情的他，主动请缨常驻天津，开始从事新一代运载火箭贮箱绝热结构的研制工作。

稳扎稳打的申雄刚每一步都走得扎实、迈得稳当，很快成长为一名骨干。伴随新一代运载火箭陆续完成首飞并相继承担重点工程任务，2020 年，有工作任务需要在天津常驻，申雄刚成了一名基层班组长，他把自己的初心使命从北京带到了天津，将对待工作的满腔热情洒到更多的地方。

扎根天津后，作为班组长，他负责着班组日常管理中大大小小的事务；作为技术团队的一分子，他承担着重型运载火箭工艺方案论证和预先研究；此外，他还承担着车间运载火箭领域的生产线建设等大量工作……每天在饱和的任务中激情满怀地奔波着，这就是申雄刚的工作日常。

稳中见速度

贮箱绝热结构是包覆在已经焊接完毕的贮箱外表面的功能复合材料，主要用于箭体超低温推进剂与外部环境温度隔绝，材料超轻超薄。申雄刚工作的核心就是贮箱绝热结构的研制生产。

“贮箱尺寸大、壁板薄，就好比是个大气球。”申雄刚形象地比喻道，而喷涂组成员的工作就是在贮箱的外表面进行保护。既然是在“大气球”外表面工作，那么任何工作都离不开一个“稳”字，都需要小心翼翼。

申雄刚

申雄刚深有感触地说，贮箱的整个生产过程，需要多个车间历经多道工序才能完成，因此一旦贮箱绝热结构制造过程中出现任何损伤，都会导致前功尽弃。他说：“‘稳’是第一位的，我们务必要保证绝对稳妥可靠，不允许在工作环节出现一丝差错。”

不仅如此，贮箱绝热结构的喷涂还是整发火箭总装前的最后一道工序，对生产周期有着相当严苛的要求。因此，喷涂组的成员在稳字当头的前提下必须以最高的效率、最短的生产周期完成工作，确保总装如期开展，确保重大飞行任务按期完成。

为了又稳又快地完成工作，申雄刚和同事们双管齐下，在不断优化现有工艺的同时创新开发新工艺。多年来，他带领团队从零开始，千方百计攻克技术难关、质量难点，保质高效地完成了百余件贮箱绝热结构的研制生产，支撑了新一代运载火箭多个型号产品的地面试验和飞行成功。

稳中解难题

2018 年长征五号遥二运载火箭的失利，让申雄刚和同事们的心情也“冰”到了极点。那时，长征五号遥三运载火箭的一级氢箱绝热结构已经研制完成。根据新的优化改进方案，他们需要对绝热结构进行改制和返修。紧急关头，申雄刚还是一“稳”当先。他们化压力为动力，很快投入新的挑战中。

针对新的设计方案，申雄刚和团队成员当时恰好有一个与之相关的工艺改进课题结题。从研究结果的理论上看，这个课题的成果刚好能够解决改制过程中的难题。但时间紧急，又要在型号产品的重要部段上首次应用，到底可行不可行？万一失败了怎么办？

一时间，一向稳妥的申雄刚心里也不免打起了鼓。“放下思想包袱，充分论证，摸透风险，大胆应用！中国的航天事业就是在无数次第一回中逐步成功的。”关键时刻，领导们纷纷鼓励他带领团队放手去干。之后的半个月，申雄刚和同事们抓紧一切时间，认真细致做好每一项试验，把握好每一个数据，集中精力攻克难题，终于按期完成了改制任务。

2019 年 12 月 27 日，是长征五号遥三运载火箭复飞的日子。万事俱备只欠东风，申雄刚静静守在电视机前，平静的表情下，他的心里却夹杂着一丝忐忑。直到成功复飞的消息传来，看到当初的改制结果全部实现了预期设计目标时，申雄刚悬着的心总算放了下来。

常驻天津的日子如流水一般。一个个平凡的日子里，申雄刚都扎根岗位奋力拼搏着。他将大把的时间扑在生产一线，细致地分析每一个工序、每一个工步、每一个操作细节。如今，申雄刚正在参与策划新的任务。在这项难度大、复杂程度高的任务面前，申雄刚承受着极大的压力。他办公桌前的那盏灯常常亮着，厂房里总有他拿着尺子细细测量的身影……看着厂房布局图纸的不断完善、坐标参数的不断填充、各种设备定位点不断确定，申雄刚的眼前似乎呈现出一幅新的生产画面：明亮洁净的厂房、高效一体化的设备、训练有素的作业人员……未来，他将在逐梦浩瀚宇宙的征途中，发挥“稳”定实力，迈稳每一步，为心中的理想，为航天梦、中国梦扎实地走下去。

唯“可靠”方致远

密封阻尼设计团队来自火箭院航天材料及工艺研究所，团队主要从事航天级密封和阻尼产品的设计及研发，针对航天型号产品的特殊需求，通过不断优化设计方案，有效提升了产品的环境适应性和精确度，确保了航天任务在各种极端条件下稳定运行。同时，团队还积极推动技术成果转化，让航天产品走出实验室，走进千家万户，助力航天产业的不断拓展和升级。

忠诚可靠铸团队，密封阻尼保成功。成立67年来，火箭院航天材料及工艺研究所密封阻尼设计团队以可靠的工作作风，持续服务于在轨空间长时耐高低温、微振动等高效阻尼减振需求，在保障任务的高可靠性方面发挥了重要支撑作用。

他们坚信：唯可靠，方致远。

难题前：善攻关、可托付

密封专业属于交叉学科，相关产品不仅要“严丝合缝”，还要“经久耐用”，这也要求技术人员不仅要有扎实的技术基础、强大的学习能力，还要有突出的解决问题能力。密封阻尼设计团队成员平均年龄虽然只有35岁，但在面对每一次挑战时，都能以材料和结构设计方面的技术特长从容应对；在面对每一个技术难题时，都能以踏实肯干的作风聚力攻关。

一次任务首飞之际，产品的密封件突发泄漏问题。设计团队迅速兵分两路，一组人员立足设计源头，检查复核密封结构的设计状态，寻找问题发生的蛛丝马迹，并第一时间赶赴试验现场解决难题；另一组人员则积极准备试验工装和试验系统，随后连续几天不分昼夜开展大量试验验证。

但在一轮轮方案分析研讨和试验验证同步进行的过程中，新问题却不断出现。攻关的独木桥上，没有栏杆、没有扶手、没有灯光，只有冲向成功的信念。“再来一次，总会有新的结果！”团队负责人不断鼓励大家。

他们通力合作，从设计、工艺、检测、试验多个角度开展分析、验证和优化，技术难题在快速的工作节奏和强有力的高效执行中被逐一击破，问题源头被精准定位并予以解决，最终确保了首飞任务成功。

“归零不是目的，是技术提升的手段。”这是团队不断攻克技术难关的

密封阻尼研制团队

信念和良好心态。回顾解决问题的过程，他们不退缩、不推诿、不抱怨，回归技术本身，面向设计和工艺机理寻找影响产品性能的关键特性，把“归零”当作提升技术水平的手段，不断攀越科技高峰。

未知前：深钻研、可信任

密封阻尼设计团队不仅在难题面前靠得住，在新研任务的探索中也同样值得信任。

一次新产品研制任务中，柔性密封设计的难题摆在团队面前。在没有任何经验可借鉴的情况下，他们仔细钻研着每一个接口方案，识别分析其密封结构设计的特性，主动学习新的设计计算方法和数字化数据分析处理方法，积极与国内外高校和科研院所进行学术交流，为任务攻关做足了准备。

为了提取影响密封阻尼产品性能的关键参数，团队通过编程手段，将模型建立等手工操作代码化，不仅实现了密封阻尼结构设计的快速化、智能化、精确化，还确保产品实现了密封阻尼减振功能。最终，通过开展大量高精度设计计算，该团队设计改进了典型密封阻尼产品，并再一次提高了产品可靠性，有力保证了任务首飞成功。

类似的事情还有很多，无论是时间紧、任务重的项目，还是风吹日晒、条件艰苦的试验，或者是不容有失的重大工程，密封阻尼设计团队始终不忘“可靠”的本色，全力以赴奔向成功。

近年来，团队重新审视产品的设计和使用边界，真正做到产品质量“心中有数”。他们积极落实专业体系建设研究的新要求，重新梳理设计体系，从源头上把好可靠关。针对产品设计、工艺规范不完整，通用性过强、指导性较弱等问题，他们开展了一系列密封阻尼产品设计“回头看”工作，在一步步精益求精中使产品设计更加规范化、体系化、成熟化。

商潮中：勇拼搏、可青睐

多年来，密封阻尼设计团队深耕密封领域，积累了深厚的理论知识和丰富的实践经验。同时，团队依托自身平台优势，不断扩大影响力，拓展产业赛道，将其密封阻尼产品打造成了行业里一块响当当的“招牌”。

当前，作为国家战略性新兴产业，商业航天进入快速发展阶段。团队认清形势、大胆创新，将国家战略势能转化为自身发展效能。他们瞄准国民经济主战场，凭借橡胶材料研发技术的优势，以“研发＋产业”协同发展为主线，积极推动航天技术转化应用。

某泛半导体域设备所用到的高洁净全氟醚橡胶密封圈，存在进口断供、国产供不应求且产品性能相对差的问题。密封阻尼设计团队依托火箭院航天材料及工艺研究所研发平台与制度优势，抓住市场机遇，聚力攻克了这类橡胶密封圈的关键技术，并完成了应用项目立项与实施。

团队积极牵引国产高洁净耐高温全氟醚橡胶产业发展，形成了自主可控高洁净耐高温全氟醚橡胶材料研发的核心技术，建立了关键性能表征评价体系，研制了耐高温产品和高洁净产品系列，产品关键指标达到国际领先水平。

在商业航天领域，密封阻尼设计团队以问题为导向，开展设计研发工作。由于姿控设备长时扰动会严重影响在轨卫星成像分辨率，这就需要低刚度、高强度、小位移的减振产品帮忙。团队对减振器数量和结构刚度进行了优化，极大提高了减振频率。

“把航天产品变成商品是我们的追求。”经过团队不懈努力，该项目成果已实现了批量化生产和产业应用。密封阻尼设计团队负责人王昊说，“未来，我们将持续挖掘自身潜能，打造出既满足市场需求又具有核心竞争力的产品和运营体系，有力支撑我国泛半导体领域设备产业发展。”

回首，梦在九天，静待凯旋，密封阻尼设计团队为任务一次次成功飞天保驾护航；展望，星河灿烂，追逐不息，他们将继续潜心钻研，让密封阻尼产品成为传统航天破局的新引擎，让更可靠的航天产品走上更大的舞台。

执着专注做好“焊”　精益求精铸“匠”心

王东东，出生于1990年1月，在职本科，技校毕业后，入职火箭院山西航天清华装备有限责任公司，主要从事重要结构件的焊接装配加工工作。曾获三晋技术能手，航天技术能手，山西省五一劳动奖章，山西省“三晋英才”支持计划拔尖骨干人才，现为国家级焊接裁判。

他性格稳重、技能精湛。走进生产现场，总能看到他在耀眼的焊花中全神贯注的身影。焊接时，电弧的温度在2000摄氏度以上，焊工体感温度在50摄氏度以上，天气闷热时，汗水一会儿就浸透衣襟，但他从不抱怨。摘掉焊接防护面具，他脸上堆着笑，额头上深深的抬头纹见证着他完成的一道道焊缝，讲述着“航天焊匠”背后的故事，他就是山西航天清华装备有限责任公司焊工，班组长王东东。

执着专注、勇于担当，履好工匠之职

2004年，初中毕业的王东东面临两个艰难的选择，要么进入社会打工减轻家庭负担，要么学一门技术将来养家糊口。最终父母决定，让十几岁的他到技校学

王东东

习焊接技术。焊接虽然又苦又累但好就业，对一个农村娃来说，没有什么比掌握一项安身立命的本领更重要。

2008 年，王东东幸运地成为一名航天人，参加工作以来，他坚持学习焊接理论知识、提升专业知识储备，并不断尝试新方法，努力创造新成绩。

受结构限制，许多复杂零部件无法用自动化焊接设备完成，只能依靠手工焊接。而航天产品质量要求严苛，对操作者的焊接技术也提出更高要求。一项特殊材质大直径管路焊接任务就曾因难度过高，被大家称作近年来最难干的活儿。王东东说："这项焊接任务批量大、进度急，产品是特殊材质，稍有不慎就会出现气孔、夹渣、裂纹等焊接缺陷，以往的焊接合格率仅能达到 42%。此次任务要达到航天 I 级焊缝标准并进行 100% 射线检测，通过密封、强度等性能试验才算合格。"

要么成功，要么报废。接手这项任务之初，王东东深感担子沉甸甸的。但航天人面对困难从不后退，他要带队取得成功，每一步就都必须小心谨慎，不能出现丝毫差错……改进工艺流程、优化工艺参数，王东东带队一次次向难题发起冲锋，他们自制改进工装 10 余套，结合柔性平台对管–管、管–弯头、管–法兰进行装配点焊，创新性地采用手工钨极氩弧焊打底焊接专机填充盖面等工艺方法，解决了焊接周期长、效率低的问题，最终使焊缝探伤一次交验合格率提升至 100%，提前完成任务，确保了成功交付。

刻苦钻研、敏于实践，精钻工匠之技

不断适应公司转型升级需要，带“众人”为“能人”，王东东逐步实现自己从“工”到“匠”的升华。作为公司级技能带头人，王东东注重用学到的理论知识去指导实践，将工作中摸索出的经验、办法及时总结，练就了高超技艺。

2020年，公司承担的生产任务再创新高，在各项任务有序推进的关键时刻，王东东所在的单位接到一项“棘手”的任务，面对材质特殊、焊接难度大、焊接质量要求高、交付节点急、台套数量多的任务，他积极与工艺技术人员一起研究，对工艺技术参数进行优化调整，并大胆提出跳焊法、多层多道焊法和先里后外焊法。实际生产中，坚持在组对时预留适当的反变形量，确保了焊缝质量和部件焊后整体外形尺寸，在高质量实现焊接要求和焊后探伤的同时，节约了生产时间和成本，缩短了产品生产工期，得到用户高度认可。

此外，他还协同团队圆满完成“有色金属油箱焊后变形控制”“后装压缩车侧板和导轨焊接变形控制”“HG785D高强板R形支耳机器人焊接”等一系列焊接难题。

从学习到创造，不断提升自我，自觉在有限的空间启迪出无限智慧。王东东先后获得多项荣誉称号，并取得国家职业技能竞赛裁判员证书。

王东东在进行焊接作业

执着情怀、传道授业，传承工匠之魂

2020 年，在公司的大力支持下，“王东东省级技能大师工作室”经山西省人社厅批准成立，发扬航天人传帮带的优良传统，由王东东带队攀登焊接技术高峰，解决困扰型号产品研制生产的瓶颈问题、开拓行业前端技艺。王东东还多次代表公司参加长治技师学院“技能月”活动，向师生们展示“灯泡上割钢丝”“水管带压补焊”等绝技绝活，为学生们“传道授业解惑”。

2023 年，王东东班组承接的某压力容器产品焊接任务，作业过程中需要焊接人员在结构复杂的狭小空间中操作，面对材质特殊、管–板结构厚、进度节点要求急的三大难题，仅靠传统的生产焊接手法，无法或很难保证焊缝质量，一旦操作不当，极易造成焊缝返修或部件报废，带来不可避免的经济损失。困难面前，王东东带领班组进行攻关，经过大胆创新、潜心钻研、反复实践，成功找到了破题之要。为发挥出这一关键技术的最大效用，他带领班组成员一起反复进行手脑协调性训练，努力提高左右手操作能力，最终确保了任务的顺利完成，同时总结出一套“TIG 焊左右手焊接操作法”，该焊接方法可适用于多种操作位置、多种焊接材料及狭小空间的焊接操作，对进一步降低施工难度、提高焊接效率、保证产品交付具有重要作用，现已在公司多个产品焊接中推广应用。

围绕“人人持证、技能社会”要求，王东东主动承担起焊工技能培训和等级评定工作，根据每个人的素质能力和技术等级，为学员量身定制培养计划，采用理论＋实操的方法，在“实际、实用、实效”上做文章，实施案例教学，积极推行“一个员工一种形式”的教学方法，实施全方位、全过程、全业务的“三全”跟踪培训。王东东说：“技能就像一块砖，只有将技能传承推广出去，才能铺成康庄大道，才能发挥更大的作用。在技能传授过程中，我才找到了自己存在的价值。”在他手把手的指导下，7 人获三晋技术能手、3 人获航天技术能手、8 人获省国防科技工业技术能手、1 人获太行技术状元、多人获太行技术能手荣誉称号，郭闯闯、赵子龙、马旭峰等人已成为公司不可或缺的中坚力量。

任劳任怨、甘于平凡，坚守工匠之心

和王东东共事多年的同事们都知道，王东东手腕上有条焊热烫伤的疤痕，那是在仰焊一个重要的型号产品时，一心专注焊接质量的他忽略了焊热，等到觉得胳膊有些热停下来查看时，防护服已经和胳膊上的皮肤粘连到了一起……但事后王东东却并不以为意，他说，每一位焊工在焊接过程中都可能会有大大小小的烫伤，这是焊工的别样勋章。

产品工况环境复杂，要承受住力与热的考验才能到达成功的彼岸，王东东说，每条焊缝既要承受重载，又要承受高速，还要扛住高寒、高温、高压等复杂自然环境，任何微小的瑕疵都可能埋下安全隐患。因此，焊工师傅们必须不畏难、不认输，利用手中的绝招绝技，铆足“遇到问题就解决问题”的一股劲儿，潜心钻研、锐意创新，成为企业焊接领域攻坚克难的“排头兵”。

责任就是他的属性，奉献就是他的秉性。虽然没有轰轰烈烈的事迹，没有掷地有声的豪言，但王东东用默默的岗位坚守，兑现了爱岗敬业、责任担当的诺言。尝尽汗水和泪水，历经欢笑和成就，他把每份焊接工作都看做一颗种子，经过细心播撒、辛勤浇灌，终会茁壮成长、绽放青春。

总装电缆线上的“手术师”

冯宇熙，出生于1991年3月，技校毕业后，入职火箭院山西航天清华装备有限责任公司，主要从事产品电装工作。获院突出贡献技能人员，山西省青年岗位能手，山西省国防科技工业劳动模范等荣誉，授权专利1项。

如果把车体比作一个人的话，电缆线就好比人的神经系统，贯通着车体的各个部位。冯宇熙是山西航天清华装备有限责任公司一名负责为车体搭建“神经脉络”的“手术师”，为确保车辆的正常运转默默努力着。他勤实践、深钻研、求精益、谋创新，全力以赴把本职工作做到最好，竭尽己能铸造大国重器。

钻研练巧手

11 年前，技校毕业的冯宇熙成了公司一事业部的一名电工，此后便与电缆结下了不解之缘。

面对新环境、新岗位，“多干多问”是冯宇熙给自己提出的要求，哪怕遇到再小的难点、疑点，他都会默默记下来，直至完全钻研透彻。“边干边学”是他给自己确立的准则，无论平时任务有多忙，他都会挤出时间学习新技术、储备新知识，持续充电赋能。日积月累之下，冯宇熙对业务越来越熟悉，经验越来越丰富，他也从一个“小白”成长为独当一面的中坚力量。在一次攻坚任务突击期间，产品图纸上的工艺技术状态不完备，制约着电气系统电缆网的装配。冯宇熙意识到，如果只是“等和靠”，影响的是产品整个后期的调配进展。为此，他第一时间想方设法找寻快速解决问题的途径，要确保任务按时保质交付。

列问题、抓细节、定方案，他和小组成员钻研着各个系统间的连接关系，并根据实际测出的400余个电缆终端距离，制定出“整车电缆长度表”“系统电缆余量统计表”等。有了这些数据支撑，大家不断优化工艺流程，最终

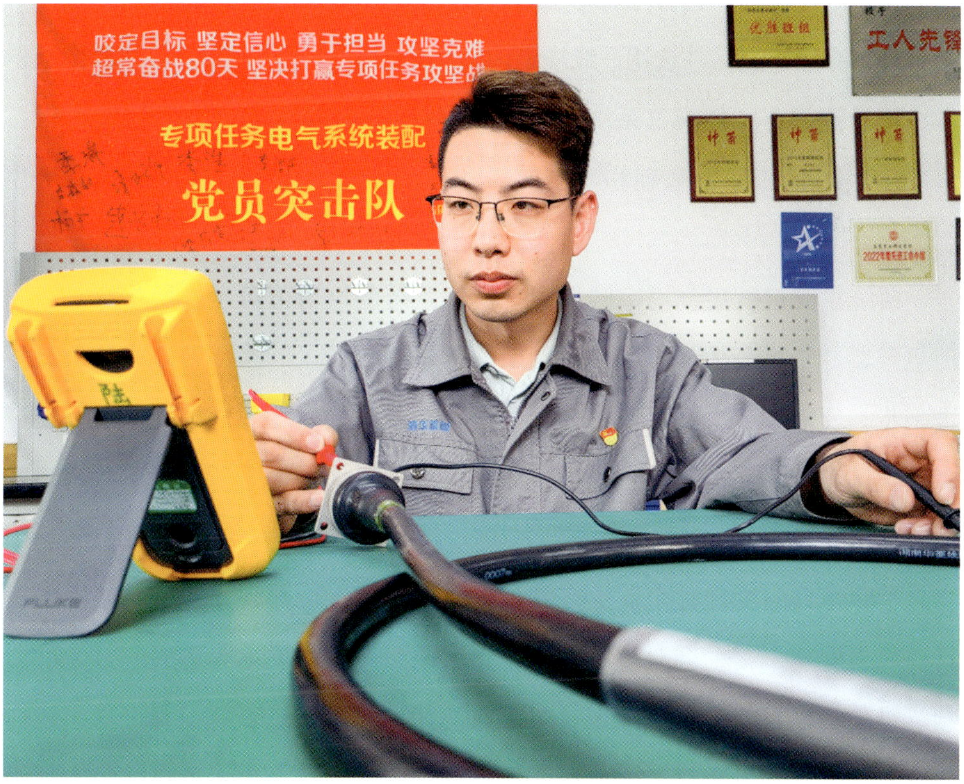

冯宇熙在对电缆进行测试

打破了外部条件的制约，完成了电缆网的装配，攻坚任务也顺利完成，冯宇熙和同事们还因此荣获了公司“攻坚任务特别勋章”。

荣誉面前，他们没有停止前进的步伐，而是乘势而上制定了“产品装配齐套性检查表”“重点易错位置确认表”等，保障了后续产品的规范性和统一性，进一步提高了电缆装配准确率，确保一次交验合格率100%。

匠心求精益

随着技术进步和市场需求的增长，电气产品正朝着高端化、智能化和规模化发展，传统的电缆焊接加工方法已然不能满足当下的生产需求。为此，冯宇熙对电缆操作间进行了标准化改造。

管道布局、元器件选用、线缆走向、程序编制……他先后多轮绘制图纸，自主设计制作了智能换气系统和智能照明系统。两个新系统的成功设计得益于冯宇熙扎实的理论基础和丰富的工作经验，更得益于他精益求精的工作态度。

系统投入运行后，冯宇熙发现，换气系统的风力值虽然达标却没有达到理想预期。于是，他又开始翻阅相关文件资料钻研了起来，力争使风力值更进一步。反复调节电动风阀的开合角度，在各换气口增设辅助扇片……经过多次尝试和多轮次的试验论证后，各换气口的风明显增大了，冯宇熙终于露出了满意的笑容。

车间工具的管理是企业生产管理的重要环节，面对种类和数量繁多的工具，如果管理不善，会对生产效率、生产质量、生产成本等造成非常大的影响。目前管理方式是通过登记员对工具的使用和归还进行登记和记录，这样不仅费时，还容易出错，因此转变工具管理方式势在必行。单位结合实际提出工具管理系统 7 项指标。

冯宇熙用专业所学充分研究各项指标的实现方法及可行性，充分考虑员工借还工具的便捷性、工具借还记录的完整性、系统接口可扩展性、系统掉电数据的可保持性、后台数据可视性等因素，设计制作了“智能工具管理系统”初样，试制成功后又进行多次意见收集统计，改造后的试样产品已经具备投入实际运行条件，具备项目设计之初所提出的 7 项要求。

上述智能系统的建设过程就是冯宇熙精益求精工作作风的缩影。精于工、匠于心，多年来，他始终坚持将“把每一件事做到极致”作自己的行为准则，耐心磨技，持之以恒，以匠心求精益。

担当辟新路

在一个小批量电缆装配任务中，电缆装配状态十分复杂，仅一个台体电缆穿管就需要 5 个人配合才能完成。“交付节点紧张，班组人员和场地有限，按照原有的思路完成交付是不可能的，我们必须转变策略。”冯宇熙说道。

他主动作为，带领大家集思广益，大胆尝试，经过现场模拟试验，提出了“台件不规则圆形钢管小空间脉动穿线法”。这一创新方法优化了台体电缆网的装配工序，提升了工作效率，3 个人用 1 小时即可完成一个台体装配，同时还有效解决了电缆穿管技术难题，为后续任务赢得了宝贵的时间。

“做任何事情都要讲究方法，找到最优解，方能事半功倍。”冯宇熙是这样说的，也是这样做的。在多型号任务并行、短线任务交叉的生产形势下，冯宇熙坚持“复杂任务简单做，简单任务精细做”，不断改进工艺、持续创新，在点滴行动中求新求变，为产品更优、效率更高做出最大努力。

俗话说：师父传帮带，徒弟成长快。工作中的冯宇熙不仅要求自己“干活就要出精品”，还把这个理念传递给班组里的其他成员。他言传身教，帮大家分析问题，教大家干活的技巧，耐心引导大家发挥各自优势，更好、更快地完成工作。在他的带领下，班组里的青年员工多次在厂“举航杯”竞赛中取得佳绩，成了铸造大国重器的坚实后备力量。

11 年的坚持与磨练，冯宇熙精湛了技艺，收获了荣誉，也更坚定了对航天事业的执着热爱。未来，他将持续发挥工匠精神，以一颗赤子之心钻研技艺，用满腔热忱迎接挑战，用实际行动践行责任与担当。

做智能化信息网络的千里眼、顺风耳

王昊，出生于1985年12月，硕士研究生毕业后，入职火箭院北京航天万源科技有限公司，主要从事航天网络信息、物联技术研究及应用工作，是经开区创新工作室负责人。获院长征贡献奖、院创新先锋、院党员先锋岗、公司劳模等荣誉，发表论文6篇，主持16项已受理的发明专利，其中授权5项。

2020年，在中东地区的纳卡冲突中，阿塞拜疆发布的一段视频，让很多人感受到了网络化、智能化武器的力量：无人机发现敌方坦克后，瞄准、发射……从感知战场态势到锁定目标、再到精准对目标展开攻击，无人装备成为进攻主体的背后是物联技术的巨大支撑。这张庞大的智能化信息网络，如同战场上的“千里眼、顺风耳”，让作战人员稳坐“中军帐”，决胜千里之外。

85后小伙子王昊便是和此专业相关的“带头人”。作为科技工作者，他不喜欢按部就班，喜欢有创造性和挑战性的工作；作为团队领导者，他不喜欢开“布置会”，喜欢开“争论会”，“他平时不善言辞，但是内心世界很丰富”“他是个文艺的浪漫主义者”……在同事们的描述中，他讷于言而敏于行，思维方式和行事风格独树一帜，有着浓郁的“非典型色彩”。在他看来，这份事业的魅力在于突破和创新，而非墨守成规。“无畏”是王昊“非典型”工作和领导风格的内核所在，更是他带领团队在前沿科技领域不断前行创新的动力。

“敢想”激发团队潜能

“接受新思想、新观念，从中汲取营养，丰富我们的认知和内涵，只有这样我们才能在不断变化的环境中保持竞争力。”王昊介绍，保持最大程度的开放心态，是他带领团队开展创新的理念。王昊认为，在复杂变化中，开展创新工作更加不能遵循既定的路径和模式，不必被传统框架所束缚。

在团队管理方面，王昊非典型的领导风格展现淋漓，他经常鼓励团队成员们大胆争论，进行激烈的思想碰撞和“头脑风暴”，通过争论的方式激发出更丰富的创造力和思维活力。

王昊

“不要害怕出错，不要害怕被质疑”，在争论中，王昊常常鼓励团队成员勇于表达自己的观点和想法，这种开放包容的氛围让团队成员们敢于尝试和创新。鼓励大家的同时，王昊也在每一次思考中“逼自己一把”，逼自己思考得更全面一些、研究得更深入一些。有时候“灵感乍现”，他会赶紧召集团队成员们分享自己的想法，听取大家的观点看法。

团队成员们说，“这样的团队模式让我们觉得自己不是一个‘工具人’，而是‘负责人’。”“我们的团队是活跃的‘思想市场’，大家保持着高昂的热情。”在王昊的带领下，团队的每个人都全心全意、大胆创新，他们共同研究、共同讨论，推进航天智能化信息网络的深度应用。

“敢为”闯出更多可能

大篆书体创作的工作室匾额、乐高搭建的物联网和航天器等模型、团队成员亲笔书画的工作室目标……走进“元胞创新工作室”，随处可见王昊对团队工作环境的精心布置，每一处都充满了浓厚的创新氛围和团队特色。

“元胞创新工作室”是王昊为团队起的名字，“元胞”二字也浓缩着他对于团队创新力和生命力的深深期望。王昊介绍，工作室特意布置的“三头六臂”哪吒画像，是他用心设计的一处“巧思”。他说，“哪吒拥有三头六臂，能使用一个大脑同时处理多种复杂情况、协同控制，这和我们物联设备想要实现的最终效果十分吻合。另外，哪吒的性格敢闯敢为，也是我对于团队的要求。”

作为团队的带头人，王昊不仅敢想，更敢为。令团队成员们印象最深的是，每当大家陷入自我否定或怀疑的状态时，王昊总会信心满满地给大家打气，“信我的，这事儿准能成！”

当大家的意见出现较大分歧时，王昊也从不对任何一方的观点进行回避。“不要坐等机会，要敢磕‘硬骨头’，要有认准了一个目标，无论成功与否，都全力以赴、实打实干的劲头。”王昊总是积极组织团队进行技术论证和试验验证，鼓励引导大家通过充分的探索和实践，找出“最优解”的技术方案。

在“元胞创新工作室”里，王昊带领团队攻克了一个又一个技术难题，取得了一项又一项创新成果，让“元胞”二字不仅仅是一个简单的标识，更凝聚为团队精神的象征——挑战超越，敢为先。

“敢当”尽其力之所能

为航天产品搭建智能化信息网络，是王昊和团队成员们近年来主攻的研发方向。然而，这一研究方向的技术发展日新月异，变化进步之快很难把握和预测。

作为团队“头雁”，王昊扛起了更多的责任与担当。他常说，“非常幸运能带领这支优秀的团队，我感觉自己是一直被团队推着往前走的。”王昊时刻关注团队的工作进展情况，并及时给予指导和支持。在团队遇到困难的时候，他总是第一时间冲在最前面为团队解决问题、承担责任。在王昊看来，“敢当”的态度不仅是来源于工作的要求，更是对自己、对团队负责。

王昊在工作中作风硬朗、处事果决，然而这样的“硬汉”其实也有“柔情”的一面。团队成员介绍了一件令他们格外感动的“小事”：团队里一名年轻的成员十分喜爱钢铁侠，王昊就在他生日的时候为他制作了“钢铁侠的心脏”，并对他说，“希望这个礼物也能给予你动力，就如同这颗心脏支持着钢铁侠上天入地一般。”在团队成员们心中，王昊还是一个心思细腻的人，“他记得团队每个人的生日和喜好，大家过生日时，都会收到一份来自他的专属礼物。”

永远真诚、永远热爱，永远无所畏惧地冲在最前面，王昊非典型的工作方式和行事风格展现着独特的智慧与力量。

对事业执着追求，勇于挑战传统、打破常规，王昊用实际行动为团队树立了榜样，带领着团队在科技创新的道路上不断前行，实现着独特的价值和梦想。

以青春之名搏击万里长空

“鹰击长空”青年突击队来自火箭院北京临近空间飞行器系统工程研究所，是一支多专业、年轻化、高学历的青年队伍。突击队以个人成长、组织成功、任务获胜为目标，扎根航天科研生产一线，在急难险重任务中挑重担、做先锋，持续高效推进某竞标专项系列任务，保证了系统研制及其他工作关键节点顺利完成。团队被评为集团公司优秀青年突击队。

在临近空间探索的漫漫征途中，存在众多险阻，但这正是勇者前行的机遇与挑战所在。有这样一支团队如同流星划破长空，故事充满壮丽和无畏，他们便是北临所“鹰击长空”青年突击队。他们不畏艰难、不怕困惑，以“闯”的精神、“创”的劲头、“干”的作风砥砺前行，开展关键技术攻关，发挥航天青年生力军作用，在多项防隔热技术领域中取得重要突破，为培育和发展新质生产力、支撑所战略转型贡献青年力量。

自成立起，突击队便扎根航天科研生产与研制一线，以个人成长、组织成功、任务获胜为目标，在急难险重任务中挑重担、做先锋，积累了丰富的工程经验，快速培养了一批技术过硬的专业人才，以战时状态、战时作风、战时办法开展任务研制工作，助力飞行器总体方案快速闭合与任务配套高质量完成。

一往无前，防隔热的指挥官

2023 年 10 月，一次试验过程中，试验件刚进入高温风洞表面便闪现高亮条带，发出一阵异常的火光，结构随即出现破坏性故障。风洞紧急关车，现场人员的心一下被揪了起来，大家即刻开启紧急归零工作。

分秒计时的归零工作中，高组长夜以继日，办公室的灯光映着他的身影，然而他始终以乐观的精神、饱满的热情感染每一位同事，在紧张的工作之余不忘调整众人的心态。“以高昂激扬之我，筑坚实大国重器”，接到任务后他细致认真安排，保证人员分工明确，只为实现任务优质完成，为后续工作开展争取更多宝贵时间，为任务圆满完成贡献坚实力量。

“鹰击长空”青年突击队

然而，归零工作一度停滞不前。小梅同志冷静思考，用独特的技术见解让团队在技术难题前找到突破口，为项目的顺利发展贡献了关键的技术方案。“匠心励得梅花香，才华横溢有英杰”，一次次的设计难题并没有难倒他，面对各种时间紧、任务重的优化方案和试验任务，他深谙质量管理的重要性，主动组织研讨和协调各项工作流程。遇到需要外出的任务，他总是一脸轻松地和大伙说，“我要出去办事了，‘家’里靠你们坚守咯！”从最初图纸设计到最后执行任务，他与战友们全程见证了产品从二维到三维、从纸上到实体的完美实现，谱写了奋斗之歌，收获了成功的硕果。

挥洒青春，防隔热的作曲家

疫情期间，生活被按下了暂缓键，公共交通停滞使得大街上的人寥寥无几，然而竞标项目不会因此而放缓，任务节点刻不容缓、完成期限迫在眉睫。

以苦为乐，无怨无悔，袁博士是大家口中的“技术大拿”。这位专业功底扎实的“技术大拿”，是一名经验丰富、兢兢业业的防隔热设计师。工作中他展现了航天人特别能吃苦、特别能战斗、特别能攻关的精神，把青春奉献给祖国的航天事业。正是有像袁博士这样一群默默付出、积极担当、善作善为的设计师，在疫情之下保证了竞标项目顺利推进，托举航天事业的蓬勃发展。

同样在疫情面前坚守的还有位巾帼女将，她就是刘设计。疫情期间，为保证任务顺利进行，她毅然选择坚守岗位，在人员最稀缺的时候总是能看到她的身影。工作中她始终精益求精、严谨细致，决不疏漏任何一个细节；在时间紧、任务重、技术状态复杂、难度巨大的严峻形势下，她细致钻研、积极思考、勤于实践，发展开拓新专业、求解新技术，并将其应用于设计工作中，大幅缩短了设计周期，提升了工作效率，保障产品御风度炽、翱翔天际！

认真细致，防隔热的调音师

防隔热作为关键技术难点之一，影响着整个产品的关键性能提升，更关系到任务的成败。在领域发展过程中，王设计等人便是防隔热设计的调音大师，他们创造的精妙绝伦的隔热方案，准确掌握着温度的旋律，为产品抵御极端环境提供了保护。

技术攻关中总是出现众多艰难险阻，身为防隔热岗位核心人员的王设计面对技术难题时，第一时间对问题进行全面分析，列出了故障出现的多种可能，逐一排查，将问题复现。一次任务中，结构设计始终无法满足要求，方案困扰了他数月之久，在苦思冥想之后，一次偶然的专家讲座给了他解决问题的灵感。回到办公室，他立刻根据灵感开展设计工作，在得到校对确认后，第一时间将方案下发给生产单位。作为设计，他长期投身于生产一线，与工人师傅反复沟通，在跟产的路上风雨无阻，从各个维度开展产品验证试验必要性与充分性分析，为产品的充分验证奠定了坚实的基础。

吴工是防隔热领域的一名资深设计师，在艰巨的科研任务中，她就像乐曲的调音师一样，调整着舱内各类仪器温度的协奏相宜，使其达到和谐与融洽。工作中，她认真努力，积极参与所内各项工作，电脑前、靶场上、工厂内，总能看到她坚定而执着的身影。弹指间，吴工已经在火箭院北临所学习与工作了十个寒暑，她一如既往细致、周到、坚强、亲切，尽展航天人娟秀而美丽的巾帼风采。

格物致知，防隔热的节拍师

飞行器设计中需要为其完美飞行提供一双慧眼，保证信号的精准传送，赋予飞行器无限的视野，为飞行过程时刻奏响“信号”的节拍。

“格物致知，制心一处”便是该专业主任研究员孙博士的格言，为铸利剑，不畏艰险，追求卓越，永无止境。在多年的任务工作中，孙博士始终执着专注、勇于创新，一流的心性方能铸就一流的技艺，一流的技艺方可成就一流的事业，这就需要用追求极致来恪守本心。他在工作中不断摸索、实践，在产品迭代设计中练就了一双慧眼和一双巧手，以追求极致的匠人匠心，牵引专业领域材料技术和试验技术的发展。

在任务日益繁重的时刻，小阚同志作为青年骨干人员毅然挑起专业的重担，带领队伍不惧挑战、攻坚克难，为产品如期交付作出突出贡献。随着方案快速迭代，仿真计算量也呈指数级增长。为此，小阚深耕专业领域，开发了一套适用于本专业的高效仿真计算方法，大幅提高了性能仿真计算速度与精度，已在多个任务中得到了推广应用，极大地解放了设计人员的双手，为设计的快速迭代贡献了自己的力量。

这支团队的每位成员都是勇者之歌的主角，各个成员扮演着不同的角色，奏响了一首壮丽的交响曲。正是在青年突击队夜以继日的攻坚克难下，很多项目得以顺利推进和按时完成，关键技术获得重大发展，为任务成功、技术突破和培育航天新质生产力贡献着青年力量。

征程万里风正劲，重任千钧再启航。在前进的道路上，“鹰击长空”青年突击队将始终听党话、跟党走，时刻肩负“科技强军、航天报国”的责任与使命，挑大梁、担重任，面对关键节点与技术难关，以战时状态、战时作风、战时办法保质保量地完成各项工作，推动各项任务圆满完成。在未来的工作中，青年突击队将继续弘扬航天精神，心往一处想、劲往一处使，让青春在航天强国的火热建设中绽放光芒！

为智能识别装上航天“慧眼”

薛晗庆，出生于1994年8月，硕士研究生毕业后，入职火箭院北京临近空间飞行器系统工程研究所，主要从事人工智能算法研究与软件工程化，曾获某全国级大赛人工智能挑战赛一、二、三等奖，获院科技进步奖一等奖2项，授权专利4项，主持集团、院基金课题多项。入选中组部“卓越工程师”计划。

识别高速运动的飞行目标，准确辨识双胞胎的脸，寻找肉眼难以识别的细小损伤，通过图片识别不同的声音……这些都是智能识别算法的典型应用。而打造这双“慧眼”的人是人工智能算法工程师，北临所的薛晗庆正是其中的典型代表。2023 年，他入选中组部“卓越工程师”培养计划，让智能识别领域更多产品用上航天的“慧眼”。

算法、架构、芯片……这些对普通人来说有些陌生的词汇，薛晗庆讲起来头头是道。智能识别技术各项功能的实现，建立在优秀的算法架构基础之上，这正是薛晗庆的专业。计算机专业“科班出身”的他本有机会进入国内知名互联网企业，但在航天精神的感召下毅然选择了航天事业，立志将人工智能技术应用于航天领域。

勇闯技术“无人区”

某飞行器和人工智能都是当今科技发展的前沿领域，两大前沿领域碰撞，开拓出广泛的科学研究和技术探索的“无人区”。赋能飞行器能力提升，是每一位临空人的使命和矢志不渝的追求。在北临所“先问新不新，再问行不行”的创新精神引领下，入职不久的薛晗庆就被组织推荐加入某飞行器智能感知攻关团队。在无任何成熟经验和现成资料参考的情况下进行原理性创新，同时实现工程上可靠、高精度识别是一项极大挑战。

不同于市面上常见的识别技术，航天领域要识别的目标更复杂、环境条件更恶劣、硬性约束也更多，这就意味着无法通过常见“砸算力”的方法提升算法效能，只能不断优化算法实现识别精度的提升。通过广泛技术调研，薛晗庆将技术突破口定为嵌入式实时智能计算，借鉴面向移动平台的算法设计与优化。明确了方向后，他马上投入文献调研和代码复现工作，通过一年多持续攻关终于实现了智能算法在某嵌入式平台高效运行，内存用量减少为原来的1/8，计算规模减少为原来的1/4，支撑了某飞行器试验圆满成功。

“此山”之石亦可攻玉

2022年，薛晗庆收到“金海豚”杯人工智能挑战赛电子目标识别板块比赛的邀请函。这次比赛考核的是脉冲信号识别，与图像识别相比更抽象、更复杂。薛晗庆接到参赛通知的第一反应是：“没接触过，还挺有挑战性。”本着“见识一下，多多学习”的想法，薛晗庆决定参赛。

面对由全国佼佼者组成的各支参赛队伍，薛晗庆并没有因为之前未接触过相关技术而降低对自己的要求，既然决定参赛，那就全力以赴。他带领团

薛晗庆

队转变思维，充分发挥自身优势，沉着应战。他想，如果将脉冲比作声音，把脉冲识别问题转化为声音识别问题，再把声纹变换到图像领域，就回到了我们擅长的方向。

有了参赛思路，薛晗庆迅速组织团队成员进行数学建模和深度学习模型训练，不断提升模型指标。功夫不负有心人，900余支队伍，近4000名报名选手，100多轮次的训练，60余次算法优化改进，在面向全国的“智箭·火眼”和“金海豚”人工智能赛事中与时间赛跑、与自己争锋，薛晗庆带队力压国内各知名团队，代表集团公司荣获全国一等奖，为人工智能计算方向增添了独属于航天的浓墨重彩。此次参赛，让薛晗庆意识到，只要敢于打破思维藩篱，海阔天空将任驰骋。

航天“慧眼”大有可为

高铁机车行驶一天后，第二天还能不能继续安全上路？车上的零部件有没有损伤？北临所的“机车智能检测系统”就是一位可以对高铁机车进行每日健康检测的“动车医生”，这个系统的核心算法便是薛晗庆带队研发的“高精度微小目标检测与识别技术”。

近几年，随着薛晗庆与同事们在航天智能识别技术领域不断深耕，航天智能识别技术早已不再是薛晗庆刚入职时的样子，识别精度越来越高、速度越来越快，航天“慧眼”开始“破圈”，走向更多领域。

“其实，很多技术虽然应用领域不同，但核心算法、底层逻辑是共通的。”薛晗庆说。“机车智能检测系统”就是他转化首届“智箭·火眼”人工智能挑战赛核心算法，成功应用于机车检测领域的“果实”。从将学术论文中看到的算法应用到航天领域，到现在把航天的核心算法转化成各个领域的不同技术，薛晗庆引领、见证着航天“慧眼”的每一步进阶。

薪火相传赓续创新

技术创新离不开突出的个体，更离不开强大的集体。作为部门人工智能专业方向负责人，薛晗庆十分重视团队和人才梯队的培养。作为北临所“金牌内训师”，他着手开发了人工智能“后浪训练营”课程，面向工程应用实际和飞行器前沿应用需求设置培训目标，培养新员工破题能力、实践能力。课程自 2019 年设立以来，累计参训人数已达到 20 人次，为火箭院培养了一支人工智能专研的人才队伍。

纸上得来终觉浅，绝知此事要躬行。作为团队负责人，他十分重视培养团队解决实际问题的能力，通过组织团队参与国内高水平人工智能竞赛，打造了接续成长的人才梯队。新成员在前人基础上，运用新理论、掌握新技术、开发新工具，不断拓展边界，开启创新篇章。5 年来，团队相继获得军工领域首届人工智能挑战赛一、二等奖，军工领域人工智能挑战赛第一，全国质量创新一等奖等佳绩。大赛不仅磨砺了选手的技术能力，同时将航天精神中的勇于探索、不断创新、团结协作深深烙印在每个人心中，激励着他们不断突破自我、追求卓越，为航天事业的发展贡献自己的力量。

心怀山海，眼有星辰。随着以人工智能技术为代表的新一轮科技革命快速发展，装备智能化成为未来发展的重要趋势。人工智能技术赋能新一代智能装备发展，走好科技强国、创新强国之路，航天青年一直在路上，薛晗庆便是其中的一员。在这条路上，薛晗庆胸怀热忱，不断激发创新活力，闪耀青春风采，在人工智能技术持续赋能装备制造的征途中，躬耕不辍、追光而行。他坚信，航天“慧眼”将来必大有可为。

打通机电伺服“中枢”自主可控之路

侍威，出生于1986年12月，硕士研究生毕业后，入职火箭院北京精密机电控制设备研究所，主要从事伺服传动机构设计工艺技术研究。获国防技术发明奖1项，机械工业科学技术奖1项，集团公司科学技术奖1项，院科技进步奖6项，院合理化技术改进奖10余项，授权专利20余项。

如果将运载火箭比作驶向星海的一艘“巨轮”，伺服系统就是船上的“舵手”，而行星滚柱丝杠就像是“舵手”的“中枢”。火箭院北京精密机电控制设备研究所精密传动专业副主任预研师侍威负责的就是机电伺服系统“中枢”的研制工作。

面对行星滚柱丝杠领域的技术难题，侍威凭借着“明知山有虎，偏向虎山行”的勇气，越艰难越向前，他的拼搏努力助力行星滚柱丝杠技术不断完善，实现自主可控。

自购设备做试验，跨专业解难题

碰到技术瓶颈，侍威总要较真一下。大到项目是否符合规范、设计方案是否科学、结构是否合理，小到一个公式甚至是一个数字是否有依据，他都严格审查，杜绝疏漏。

在丝杠行业内，以行业标准来衡量，尺寸精度一般以“丝米”为单位，而航天产品所需要的丝杠精度要求均以“微米”为单位，相当于提升了100倍。在研制滚柱丝杠的过程中，就因为这百倍的标准差，他常常被专业厂家质疑，而质疑的原因很简单：大部分丝杠制造厂家几十年如一日的做法仅能够满足普通行业的需求，却与航天产品的需求相去甚远。

在一次研制过程中，材料热处理遇到了困难，厂家执意采用普通热处理工艺，导致了材料性能不稳定，个别指标总是难以达到预定目标。面对热处理厂家的墨守成规，侍威觉得自己不能坐视不管。

“对于新工艺，他们试都没试过就说不行，那我就自己买设备，自己做试验，证明给他们看。”侍威购置了几个炉子作为简易热处理设备，系统实践相关工艺，但这对于一个从没上手过热处理操作过程的“门外汉”而言，

侍威在开展行星滚柱丝杠性能试验

谈何容易。

在夜深人静的时候，侍威埋头苦读热处理专业的书籍，研究完理论知识，就付诸实践，一炉接着一炉做，开展了大量对比试验研究。“当时试件都已经堆成了山”，侍威介绍道，“热处理的目的就是为了晶粒尺寸极度细化，晶粒越细小，强度就越高，同时塑性和韧性也越好。”

通过“海量”的热处理试验，侍威找到了解决行星滚柱丝杠热处理难题的方法。在同事们眼中，他已经成了热处理专业的行家。

追根溯源，使行星滚柱丝杠精度高出国标一倍

路虽远，行则将至；事虽难，做则必成。解决了材料的热处理问题后，侍威发现行星滚柱丝杠的精度尚未达到需求标准，这让侍威和团队一度陷入困局。

为提升行星滚柱丝杠加工精度，侍威带领团队系统地思考、分析制约精度的因素，做了大量理论研究，找出了影响行星滚柱丝杠制造精度的最为关键因素——机床。

“按我们领域的行业共识来讲，要想提升行星滚柱丝杠制造的精度，就得找最原始的老旧机床，不然根本没有办法满足高精度的要求。”侍威解释说。因为最原始的机床精度保持得最久，不仅机床可供拆解而且性能相比新机床更加稳定。

找到老旧机床后，侍威将机床上的零部件数据一一记录，严格按照滚柱中径一致性、主丝杠零件螺距精度要求，尽量减少机床材质、环境温度对机床导轨精度的影响。按照老旧机床的精度，为保证能够将行星滚柱丝杠的导轨精度打磨至极致，仅一个导轨侍威就打磨了 3 个月。功夫不负有心人，在

测量精度时，这个行星滚柱丝杠的精度比国家标准的精度高一倍还多。

不断创新，做伺服机电最好的行星滚柱丝杠

随着行星滚柱丝杠热处理和精度问题的迎刃而解，侍威和同事们迎来了最后的试验验证阶段。当时，国内并没有行星滚柱丝杠技术，伺服机电里的行星滚柱丝杠都是从国外采买，所以国内根本没有试验验证的标准和数据"'从零开始，摸着石头过河'说的就是我们了。"侍威说道，面对困境，他和团队决定从自身需求出发，以解决现有需求为目标开始做试验。

未承想，这个决定让他们在这条路上一走就是近 10 年。期间，侍威和团队不断进行行星滚柱丝杠质量验证试验。从第一次试验开始，每一轮试验都会暴露出许多问题。在侍威的眼里，这些暴露的问题，从来都不是缺点，而是会让行星滚柱丝杠质量更好的"明灯"。

"我们每一次试验，都是为了下一次试验数据更好。"侍威介绍，在数以千计的试验中，他们解决了此前许多从未关注过的技术难点：通过细化热处理的细节，解决了行星滚柱丝杠在试验过程中出现的裂纹、卡顿问题；通过细化行星滚柱丝杠的使用需求，对行星滚柱丝杠的初期方案设计进行了重新修订，提高了行星滚柱丝杠的精度水平等。大家在试验中不断探索、优化行星滚柱丝杠的加工技术。

奋斗虽艰，果实甘甜，能够满足伺服需求的行星滚柱丝杠终于在产品上成功应用。但侍威前行的脚步却没有停下，"试验的成功，只能说明我们努力的方向是对的，但我们的目标远不止满足伺服需求。"

侍威和团队在攻破了行星滚柱丝杠的技术难题之后，依旧坚持试验，在试验的过程中持续创新，向着造出伺服电机领域里最尖端的行星滚柱丝杠坚

定前进，他们在精密传动技术方向获得了40余项发明专利，真正实现了行星滚柱丝杠技术的自主可控。侍威和团队在这期间，突破了4倍超载、高刚度谐波减速器技术难关，解决了谐波传动抗疲劳性能差、动态响应低的试验难题，突破了小导程、高承载行星滚柱丝杠的技术困境。

“科研的道路总是布满荆棘，感觉走到走不下去时，就必须逼自己一把，不断进行自我升级，用知识和技能武装自己，才能走得更远、看得更广。”这是侍威的坚持，“我们一定能做出全世界最好的行星滚柱丝杠，这在不久的将来定会实现！”言语间，侍威的语气一如既往的坚定，眼神中透出了属于不畏前路的果敢。

在建设航天强国之路上，以侍威为代表的火箭青年不虚度青春、不辜负时代，刚健自强，无惧无人涉足、困难重重的“荆棘路”，用啃“硬骨头”的精神挺进研制的“深水区”，用干事创业的精气神做笃行不怠的“奋进者”，在风雨中磨砺品质、强壮筋骨，用责任和担当谱写了敬业、乐业、勤业、精业的华章。

到前沿去解决“卡脖子”问题

郭力振，出生于1989年1月，硕士研究生毕业后，入职火箭院北京航天计量测试技术研究所，主要从事智能检测技术和装备研制相关工作。获航天基金会“航天贡献奖”，第70届德国纽伦堡国际发明金奖，国防科学技术发明奖三等奖，集团公司科学技术发明奖一等奖等。

在担当中历练，在尽责中成长，北京航天计量测试技术研究所青年郭力振围绕高端制造对智能检测发展需要，聚焦计量测试技术研究和高端测试仪器研制，带领团队一次又一次攻坚克难，着力解决关键核心技术攻关，自主研发高端测试仪器，书写了航天青年努力成为堪当民族复兴重任的时代新人的光荣与不凡。

勇于挑战，在国家重大专项研发中淬炼本领

在努力实现高水平科技自立自强的新征程上，创新攻关、破题突围，是新一代青年科研人员必须肩负起来的使命和担当。为了满足空间站建设和深空探测的需求，航天装备尺寸越来越大，且加工装配精度要求越来越高，大尺寸、高精度、非接触现场扫描测量成为亟待解决的难题。

2015 年 6 月，刚参加工作一年的郭力振就加入了重大科学仪器设备开发“大尺寸非合作目标三维形貌测量仪开发与应用”项目专项组。项目实施时，国内相关研究仍处于实验室阶段，没有掌握调频激光干涉测距这一决定仪器测量范围和测量精度的核心技术，而只有突破了这项技术，才能够成功研制调频激光雷达。作为项目电路系统负责人，他主动承担起了关键技术攻关工作。最初，团队照着文献亦步亦趋进行研究，但常常经历失败和挫折。对照文献只能照猫画猫，必须抛开文献，开始独立研究。实践证明，只有创新才能打开局面。每次遇到问题，他都一边细心总结，一边与团队钻研摸索。

在项目研制的 3 年中，“996”是郭力振的工作常态。经过连续不断的试验、创新改进、再试验、再创新改进，终于实现了调频激光干涉测距技术的突破，攻克了高精度调频激光测距技术难题，团队最终成功研制出具有自主知识产权的调频激光雷达扫描测量仪，获得第 70 届纽伦堡国际发明展金奖、集团公司第一届创新创意大赛金奖、集团公司科学技术发明奖一等奖等多项荣誉。研究成果在多个项目中成功应用，有效解决了国家高端制造及重大工程中大型结构现场测量长期依赖国外设备的“卡脖子”难题。在项目攻关过程中，郭力振的技术水平和管理能力得到了长足的锻炼，荣获了 2021 年度航天基金会“航天贡献奖”。

敢为人先，在国家重大工程攻关中践行初心

2021 年，北京航天计量测试技术研究所承担了高端测试仪器专项攻关任务，标准之高、节点之紧，前所未有。所从各单位抽调精兵强将组建团队，举全所之力坚决打响任务攻坚战。30 岁出头的郭力振勇挑重担，肩负起工程项目组组长的职责。

越不可越之山，则登其巅；渡不可渡之河，则达彼岸。要打赢这场攻坚战，破解“卡脖子”难题，自主创新、掌握关键核心技术是重中之重。整个工程组涉及多渠道 20 多个项目，每个渠道的要求、每个项目的时间节点不尽相同。为保证任务顺利实施，在项目制的构架之上，郭力振组织成立了管理组和电控、结构、软件专业技术组，保障各项目组的管理和研制需求。

每次接到上级的通知、文件，管理组先分析、理解，把握透彻后，再将各项要求“翻译”成需要完成的具体事项，形成统一材料模板后再发送给大家。这样既避免了因为理解不同而造成的工作疏漏，也最大程度减少了因标准不统一而造成的后期返工。每周召开项目例会，严格计划管理，紧盯项目研制进度。整个项目在这样严密的统筹管理下协调、有序地向前推进。

在工程组每个人都负责一到两个项目，大家的目标不仅仅是完成自己的项目，而是全部项目都通过验收。为了达到这个大目标，大家采取了各种办法，其中之一就是集中火力打好“歼灭战”。电路专业组把涉及的电学领域的共性

郭力振

问题先梳理总结出来，集中精力优先攻关解决，形成统一接口的标准电路模块后，再逐个项目攻破其他难题。这样的工作策略，一方面减少了大家在解决重复问题上消耗时间，另一方面也为提高不同设备之间的兼容性打下良好基础。

在郭力振的带领下，不到两年的时间里，工程组全体成员勠力同心、艰苦奋斗，按计划高质量完成了项目研制任务，突破了 70 余项“卡脖子”技术，形成了 20 余项拥有自主知识产权的成果。成果丰硕，更加自信自强。

干字当头，在推动创新成果转化上挺膺担当

2023 年，为落实习近平总书记关于科技自立自强重要指示批示精神和高质量发展要求，所成立了高端测量仪器产业化工作专班。郭力振又一次挑起重担，在前期科研成果的基础上，全力推动自主可控关键核心技术等知识成果向经济效益的转化。

他带领团队成功论证了多个工信部重大项目，并作为项目负责人负责项目实施：带领团队以项目为依托，开展产品技术提升和产品化工作，实现从器件、部件、模块、算法到仪器整机全产业链国产化；开展工程化研制，实现小批量生产能力，实现市场导向下科研成果向经济效益的不断转化；通过项目实施和成果转化推广，支撑国家解决高端仪器仪表“卡脖子”问题。

百舸争流，奋楫者先；千帆竞发，勇进者胜。关键核心技术研发攻坚战是一场硬仗，还是一场持久战。坚持问题导向，面向现实需求，奔着最紧急、最紧迫的问题去。久久为功，接续奋斗，我们一定能实现既定目标，交出科技自立自强的精彩答卷。如今，郭力振已走过科研攻关的十年，这十年锻炼的科研素质、积淀的科研经验让他更有信心向着顶峰继续攀登，也更加自信能在推动实现高水平科技自立自强中作出更大贡献。

从儿时梦想到一路护航

弓仲冬，出生于1986年11月，硕士研究生毕业后，入职火箭院航天万源实业有限公司，主要从事航天幼教工作，北京市高级教师，丰台区骨干教师。负责的课题曾获北京市教委社科计划重点项目，北京市学前教育“十三五”立项“优秀课题”，北京市教科研出版社2023年重点出版图书。

“让航天职工子女上最好的幼儿园”是一代代航幼人的工作信条。一代代航天服务保障战线的青年教师全心付出、全情投入，在陪伴着一批批航天幼苗成长中追寻自己的航天梦。

怀揣航天梦想，毅然踏上护航之路

“我上高中时学校组织我们观看了‘神舟五号’发射和回归的直播，当时我对‘航天精神’是懵懂的，但油然而生的自豪感令人难忘。从那时起，我就梦想着以后自己的工作能和航天事业相关。”这是火箭院航天万源实业公司弓仲冬的一段自述。2013 年，弓仲冬从首都师范大学学前教育专业研究生毕业，科班出身、条件优渥的她在面试航天幼儿园教师岗位时诉说着自己的航天情结。她甚至放弃国外高薪邀请，只想在这所由人民科学家钱学森主导筹办的航天幼儿园里任教，自此开始了她投身航天幼教，为航天宝宝启蒙的护航之路。

弓仲冬是一个能够快速识别问题，立即有效改进的行动派。还是一线教师的她第一次和航天家长面对面沟通，直截了当地向家长指出孩子的行为问题，却没能更多体谅科研人员由于工作繁忙而无法更多关注孩子的问题。她的专业性让她表现得有些强硬，看到家长没有做更多解释而无奈离开时，她内心很受触动。意识到航天家长和别的家长的区别时，她立刻向班长虚心取经。“安安的父母是院双职工，每天搞科研哪有那么多时间顾孩子啊。只有咱们把孩子照料好培养好，才能让他们在科研生产一线安心工作。咱们不仅是孩子的老师，有时候还得是家长的心理导师，咱们不理解他们，谁去理解他们。”就此她从家长工作上下功夫，白天带班、晚上研究案例，拿下了“正面管教”讲师资格证，从内心深处把对航天的热爱转化成对航天职工的理解与帮助，转化成对航天宝宝无尽的爱。

弓仲冬热爱学习和自我提升，就连孕期也坚持学习，申报并通过北京市

弓仲冬在图书区与幼儿进行师幼共读活动

课题《新时期幼儿园线上家园沟通支持策略的研究》，辐射全园及周边园所，向社会推行“体验式家长正面教育工作坊”。田田的妈妈经常出差，回家后发现孩子和自己不亲近，晚上睡觉总是喊着找奶奶。弓仲冬帮助家长剖析根源：亲子间缺乏日常情感积累，指导家长从“找孩子的问题”转变成“发现孩子的闪光点”，还隔三差五为田田妈妈推荐亲子游戏。慢慢地母女关系大为改善，孩子还会主动和妈妈视频，讲讲幼儿园的事。弓仲冬为航天家长走出教育困境、及时解决家长带娃困惑的案例还有很多，已经累计帮助航天家庭 300 余个，为 1000 余名学前教育工作者提供经验借鉴。

实现诺言，成长为护航路上的“主心骨”

“小小航天节的诞生对我的成长有着至关重要的影响，它不仅为幼儿埋下了航天梦的种子，也让我更加笃定了奋斗目标。”2014 年，入职刚满一年的弓仲冬，通过邀请航天家长为孩子们带来航天知识分享、实验秀和感人故事，共同进行航天主题环境创设，让小小航天节成为家园共育的纽带，让“严、慎、细、实”包裹了层层温暖与憧憬。“家长们还会提前做好笔记和我探讨活动当天为孩子们展示科学小实验时需要注意的问题。”孩子们的真实反馈让她燃起对科学课程深入探究的热情。2015 年，弓仲冬参与推动的《航天科技课程》系列图书成功出版。

2017 年春天，北京市示范园验收工作在即，一分园急需调派一名大班班长。刚休完产假的弓仲冬主动请缨，从上岗那天起，她没再休过一天哺乳假，经常可以看到她在爱心妈妈屋边吸奶边研究课例，晚上八九点钟才匆匆忙忙赶回家陪伴孩子，周末也继续进行幼儿行为分析、环境创设。以弓仲冬为代表的 80、90 后，传承航天幼教事业基因，与园所发展同频共振，用智慧和活力逐渐成长为护航路上的“主心骨”。北京市示范园的一举拿下也兑现了全体航幼人“让航天职工子女上最好的幼儿园”的铮铮诺言。

护航路上，和“后浪”们共话青春

十年磨一剑，弓仲冬现已成长为一分园园长，曾荣获丰台区骨干教师主题说课大赛一等奖，自己的课题还被作为北京市“十四五”课程建设重点项目，她已经成为那个可以传授绝活儿的“师父”。

弓仲冬总爱把年轻教师们称为“后浪”。她着眼于管理创新，建立“传、帮、带、练”四级培优机制，聚焦提升每一位教师的“课程审议能力”，辅助教师学会多元化自评、互评。有的老师理解慢些，她利用下班后时间逐字逐句帮助老师修改课例。周末她还会把单身青年教师聚到一起，为教师们做上几道家乡菜。她为每一位教师、保育员建立成长档案，建立“定时定期定目标”的指导体系，本着“让每一位教师都发光”的原则，挖掘教师身上更多可能。她常说：“要跟年轻人多说几句‘试试看’，鼓励大家创新创造，不要在最有创造力的年纪停止了天马行空的想象。”弓仲冬用大爱、专业和经验，将航天人身上那股执着的劲头身体力行地传递给一批批年轻的航天幼师，让“后浪”们在奋斗的青春中努力成长。

弓仲冬用自己的专业和创新思维助力园所不断发展，只为了将成果惠及到更多航天职工和航天宝宝，她也收获了越来越多航天职工的点赞和认可。

“我们看不见时间，但可以看见时间的力量。”弓仲冬把奋斗当成习惯，用创新打磨初心，十年如一日地奋战航天保障事业大后方，在支撑航天强国建设的征程中闪耀着独属于护航人的青春华彩。

市场搏杀的“猎手”

卫浩，出生于1985年2月，硕士研究生毕业后，入职火箭院航天工程公司，主要从事煤化工项目市场开发工作。获院2022年度长征贡献奖奖章，2022年度外事与国际化先进个人等荣誉。

他，是市场搏杀的“猎手”，敏锐地关注着市场上存量煤化工项目的各类信息，不放过任何一个可能拿下订单的机会。

他，是对外展示的“传声筒”，在国际化征途上大胆发出中国航天的声音，让航天炉走向世界。

他，就是火箭院航天工程公司市场开拓战线上的青年“勇者”——卫浩。

丢也要丢得明白

“痛心，更不甘心！”回想起10多年来开拓市场的经历，卫浩印象最深刻的还是那次的“痛失大单”。

2020年，与航天工程公司合作了10年的老客户在一个全市场都翘首以待的重大项目上没有选择继续合作，而是转向了竞争对手。在煤化工市场竞争愈发激烈的大背景之下，痛失老客户和重大项目对航天工程公司来说无疑是一次重挫。

作为这个项目的市场负责人，卫浩一万个不甘心。因为这是他自 2010 年参加工作后接触的第一个客户，也是合作了 10 年、3 期项目、近 20 台气化炉的大客户。可以说这是他倾注最多心血与汗水的项目，从市场开发、商务报价、合同谈判、项目签约、进度款回款、设计图纸发送、设备供货到项目试车、投产、回访，从项目前期到项目执行再到项目后期关系维护……他都一一参与、事无巨细。其间他不仅见证了客户的壮大，也让自己迅速成长起来。

“问题究竟出在哪里？不行，丢也要丢得明白！航天人就是这么‘较真’！”卫浩沉下心来，开始查找原因。与客户各方详谈交流后，他终于明白了个中缘由：此次项目规模非常大，对单台气化炉处理能力、运营成本等提出了更高的要求，而当时，航天炉与竞争对手在单炉处理能力和压力等级上还存在差距。“领先的技术依然是市场开发最大的底气！”卫浩对此感慨良多，航天工程公司研发更先进的航天炉也加速了进程。

感谢你的坚持，给了我们更好的选择！

市场，总是瞬息万变。曾经的“山重水复疑无路”，有时也会“柳暗花明又一村”。卫浩和同事们曾为之痛心丢掉的大项目“失而又得”。

2020 年，国家提出“双碳”目标，相继出台相关政策引导煤化工行业朝着绿色、低碳方向发展，其中，碳排放数据成为煤化工项目环评批复的重要指标。

这是一个重要的窗口期。航天工程公司承担的科技部国家重点研发计划项目“大规模干煤粉气流床气化技术开发及示范”气化装置在 2021 年 9 月成功点火投料，并经国家专家团队评估为“世界领先”水平，具有高压力、低碳排放、能量回收等显著优势。这意味着航天工程公司可以为“双碳”政策下的煤化工行业提供更优选择。

机遇面前，卫浩第一时间同老客户分享了航天炉的最新技术优势，并从客户角度对比技术方案、计算投入产出情况。客户用复杂又为难的表情看着卫浩说：“辛苦你每一个环节都及时告知我们，你们确实有技术优势，但我们已对项目投入超过数亿元，‘船大调头难’啊！”卫浩微笑看着客户，心里更加坚定：“只要有一丝希望，我绝不放弃！”

2022 年年初，得知客户来北京出差的消息，卫浩迅速与其联系，请求给自己 2 个小时来详细介绍 6.5MPa、3500 吨航天炉示范项目运行情况，在卫浩锲而不舍的努力下，客户终于答应了。单位领导全力帮卫浩协调资源，同事

卫浩

们不分彼此鼎力相助，让卫浩能够全身心策划安排沟通细节。一场期待已久的交流会如期举行，双方主要领导和技术人员进行详细的项目建设、开车情况、技术特点等全方位交流，得到了超预期的效果。面对航天工程公司给出的长远回报前景分析，客户脸上露出了犹豫的表情。见此情形，卫浩又邀请客户到项目现场实地考察，并与竞争对手技术作全面的经济性评估对比。这次，客户毫不犹豫地同意了。

锲而不舍，终见成果。2022 年年底，卫浩和同事们终于迎来客户的重大决策：取消原合同和技术选择，转而与航天工程公司签约，并一次性签订两个项目、多台 6.5MPa、3500 吨航天炉。这是航天工程公司成立以来签约气化炉台数最多、建设规模最大的项目。签约仪式上，客户紧握着卫浩的手说：“感谢你的坚持，给了我们更好的选择！‘大船该掉头也得掉头’！”卫浩泪目了，他和同事们的一切付出，值得！

让航天炉走向海外，义不容辞

“航天人是包容、开放的，深耕国内市场的同时，我们还要积极拥抱海外市场，”卫浩说，“不论国内还是国外的市场，处处有机遇。”

2010 年，卫浩从澳大利亚学成归国，加入航天工程公司，走上了市场开发的道路；2014 年至今，他全面负责航天工程公司国际化发展工作。

航天人常说“严慎细实”，卫浩在开拓海外市场时也坚持把工作做细、做实：系统梳理出思路与规划，编制出首套中英双语保密协议、框架协议、商务合同等，有条不紊推进海外市场开拓。

如同设计师们在一线能更好了解产品需求，市场开拓也要到现场去。卫浩的足迹踏遍了亚欧非美澳多个国家和地区，也接待了来自不同国家和地区的客户，参与航天工程公司所有涉外国际化项目合同谈判工作，并牵头签署航天工程公司首个国际化项目及后续多个项目，为航天工程公司持续健康发展奠定了坚实基础。

同时，卫浩还多次代表航天工程公司参加世界范围内煤化工行业会议并作煤气化技术主旨演讲，扩大了中国航天技术品牌影响力，让航天炉被世界各地同行们所熟知。

市场如同战场，每一个订单都要拼尽全力。工作 15 年来，卫浩在市场开拓上依旧保持着热情与投入，因为服务国家，给了他做航天人的志气；创造价值，给了他服务客户的骨气；科技创新，给了他市场搏杀的底气。

勇闯新质载荷“无人区”

樊娇蓉，出生于1986年8月，北京大学理学博士毕业后任教于中科院物理所，后入职火箭院战术部，主要从事新领域技术研究工作。获院青年拔尖人才、战术部创新个人奖和突出贡献技术人员，牵头总体技术项目获院科技进步一等奖。

教育、科技、人才是中国式现代化的基础性、战略性支撑。党的二十届三中全会强调，必须深入实施科教兴国战略、人才强国战略、创新驱动发展战略。当前，是中国航天迈向高质量发展的关键时期，必须向科技创新要答案。只有坚持创新驱动发展，才能把握主动，赢得未来。

火箭院战术部樊娇蓉博士从事某新质载荷核心系统研究与设计工作。从山西到北京，从中科院的三尺讲台到航天事业的科研一线，过去这五年，樊娇蓉见证了特种功能载荷专业从无到有的全部历程。作为特种载荷技术总体设计，她深入论证，积极拓展，得到了用户的广泛认可，牵引孵化了多项特种载荷专业创新重点项目。这背后，是研制团队三年的艰苦努力。作为团队的开拓者，樊娇蓉更是付出了远超常人想象的艰辛与汗水。

精钻细研谋发展

从北京大学博士毕业，到中科院任教，丰富的科研经历使樊娇蓉具备了多学科的知识背景和扎实的理论功底，同时也培养了她求实创新，严谨细致的工作作风。在中科院的科研过程中，她带领团队开展固态物理技术前沿攻关，取得了多项研究成果。面对丰硕的论文、专利等学术成果，她未曾驻足，深知技术创新的终点不是这些文章，科研人员思考的是如何将前沿技术转化应用，为建设国防事业贡献自己的力量。在强烈的“强国强军”使命感召下，樊娇蓉立下了“在最接近需求的地方从事前沿技术研究和工程实践”的工作目标。

于是，樊娇蓉离开了熟悉的高校，入职火箭院开展科研一线工作，她的航天职业生涯几乎与“新质飞行器”同时起步。这是一个新域新质系统发展方向，涉及飞行器总体设计、空间物理、信息学、化学和数学等多学科。在设计特种功能载荷研制方案阶段，大家遇到了前所未有的难题，能参考借鉴的资料非常少，要实现真正“从 0 到 1”的突破。

樊娇蓉

从接手这个项目起，作为预研总体设计，樊娇蓉就开启了“疯狂”的工作模式：每研究一个问题，都必须先广泛搜集已有资料，缜密考校，去伪留真，精深分析，博于征引而慎下论断；然后从具体的试验数据考证分析入手，溯其根源，以把握研究问题演进大势，探求其发展规律。结合试验数据和科学论证，樊娇蓉创新提出新质飞行器多物理场解耦的设计方法，确定了基础理论研究、关键技术、系统分析等六个方向，带领团队深入调研国内该领域的主要研究力量，组建联合论证和攻关团队，制定了基础理论—关键技术—设备研制—工程示范的总体技术路线。

真抓实干拓领域

载荷系统堪称新质飞行器工程的“心脏”。樊娇蓉的办公室里有一块白板，上面总是写着密密麻麻的数学推导公式，这样的数据表达在一般人看来是“平面”的，而在她眼里，数据总是包含着新质载荷性能优化的关键信息，是一种“立体”的呈现。多学科专家组成的集智攻关团队，历时半年，运用理论和大规模数值模拟，在诸多前沿科学问题领域取得显著成果。

樊娇蓉把新质载荷技术“无人区”视为青年工程师的担当，她和研制团队深入试验平台施工现场，跟踪分析设备关键部件，研究工作原理及设计制造关键点；遇到技术难题，就深入钻研图纸的每一个细节，并经常与其他相关专业人员交流，从核心单机的成型工艺、工质装配、能量匹配优化等多方面进行个性化设计。无论是在办公室还是在试验场，樊娇蓉总是最晚离开的“守夜人”，她眉头紧锁，仔细思考每一个细节，从试验方案到实施细节，从试验产品到现场设备，每一个重要节点她都要反复确认，每一个试验步骤她都要反复推演。

在这样紧凑、务实、高效的节奏下，团队开创性地启动了一系列试验项目，对技术做了初步验证。设计图纸越摞越厚，问题清单越改越薄，核心技术研究自上而下、由粗及细、科学生成，小步试错、逐渐迭代，终于迎来破局的时刻，新质载荷系统圆满完成地面原理性试验，标志着新质飞行器研制迈出关键一步。试验成功的瞬间，攻关团队每个人都难掩心中的激动与喜悦，樊娇蓉紧锁的眉头也舒展了，让她开心的不仅仅是一次试验的成功，一项技术的突破，更是多年耕耘的领域即将结出累累硕果。

辛勤耕耘结硕果

在产学研一体创新机制的驱动下，樊娇蓉心无旁骛，不拘泥于短期目标考核、不计较一时成败，锚定长期目标，在创新“无人区”勇往直前，遇到挫折就及时调整技术路线，继续轻装上阵。项目团队不仅推动了新质飞行器的立项与研制，在国家基础加强领域也结下硕果，接连拿下多个重点预研创新课题，推动战术领域新质力量发展，实现关键核心技术自主可控，促进创新链与生产力转化深度融合。

樊娇蓉谈道，“从立项来看，只要是经过科学论证、需要加快突破的重点方向，国家会持续给予大力支持，保证项目有延续、经费有保障。党的二十大以来，创新机制不断优化，创新方向进一步聚焦，鼓励干事成事的人才成长。火箭院的创新人才培养机制进一步激发一线青年设计师的创新潜能，我对此满怀期待！”

静水流深，心无旁骛，胸怀航天强国梦想，樊娇蓉勇闯新质载荷“无人区”，为赋能战术装备新质战斗力作出开创性工作。在樊娇蓉心里，创新之路没有终点，需要不断地“想人未想，做人未做”，不断在前进中学习，在学习中前进。在新领域探索的道路上，每一点小的技术突破都是鼓励与鞭策，持之以恒便可聚少成多、攻坚克难。

用青春筑牢总装后墙

骆鑫生，出生于1988年9月，大专毕业后，入职火箭院天津航天长征火箭制造有限公司，主要从事新一代运载火箭总装测试工作。获集团公司航天贡献奖，天津市经开区社会影响力青年、技能标兵称号，院劳动模范、突出贡献技能人员、试验队技能之星称号。

失败是差一点的成功，成功是差一点的失败。他怀揣着强烈的求知欲，秉持着精益求精的工匠精神，将数以万计的零部件组装成火箭，参与完成多型新一代运载火箭首飞任务的总装测试工作。他就是火箭青年骆鑫生，用青春筑牢新一代运载火箭的“总装后墙”。

万无一失是底线

加入航天事业13年，执行了近30发次火箭的总装测试工作、10余次火箭的发射场工作、3发火箭型号的首飞工作，骆鑫生先后参与完成以探月、探火、空间站“三舱”发射为代表的多次飞行任务，实现火箭“零质量”问题上天。无论是领导还是同事，对骆鑫生的评价都是专业扎实、严格认真、做事高标准，有他在就让人放心。

骆鑫生对工作的高标准，离不开师傅崔蕴的严格要求。直至今日，骆鑫生犹记得师傅崔蕴教导自己的画面。一次，对接长征五号遥三火箭仪器舱时，由于人员操作不当，造成两个对接面存在较大缝隙，骆鑫生见状说道："这没关系，到时候一拉就能拉合了。"

崔蕴在现场听到后当场训斥："这种态度是对工作不负责、对产品不负责，产品仪器舱是铝材，但是另一面吊装环是钢材，如果靠拉合减小缝隙很可能造成仪器舱出现变形甚至产生裂缝。"骆鑫生听后心服口服。

有了这次教训后，骆鑫生就萌发了按照工步梳理靶场操作流程的想法，形成精细化操作细则，规范人员操作。但是靶场操作包含了五大模块，每个模块少说也有二三百个工步，这庞大的工作量让所有人皱起了眉头。大家都清楚，只有系统地梳理一遍才能确保每个环节没有疏漏。骆鑫生便带领几名组员利用空闲时间耗时一个半月编写了记录有 1700 多个工步的《精细化操作细则》（简称《细则》），内容精细到大小销子的安装顺序、螺钉螺母的安装方法，甚至是先用左手操作还是先用右手操作。

第一版《细则》是纯文字版本，内容太多，画面感效果较差。骆鑫生便带领组内员工对《细则》进行了精简，最终只保留关键性操作，与此同时把正确操作下的产品状态图附到对应工步旁边，形成了第二版《细则》，并更名为《靶场精细化操作图册》（简称《图册》）。

如今骆鑫生还在带领团队完善这本《图册》，更新不清楚和要素不全的图片，根据实际操作增删内容，力求精准规范。现在学习参考这本《图册》已经成了试验队员的必修课，实践证明，《图册》的编写应用正是对"做事有依据、做事按依据、做事留记录"的真切诠释，有效提升了靶场工作效率，保证了产品质量。《图册》的编写是骆鑫生为确保发射万无一失的措施之一，这条路，骆鑫生将持之以恒地走下去。

后墙不倒是保证

“火箭发射的节点是绝对不能耽误的”，骆鑫生斩钉截铁地说。“但是现在的情况就是咱们只有两个人，即使加上二组的三个人也远远不够，你要知道，平时这活儿可是30个人干的。”

一向“无所不能”的骆鑫生此时也犯了难。此次到海南文昌发射场要执行的是长征五号B合练箭和遥一箭发射任务，而遥一箭任务又是长征五号B火箭的型号首飞任务。

从元旦到春节假期，骆鑫生总计休息了4天。春节刚过，他又整理行装回到了刚离开一个月的文昌航天发射场，执行长征五号B火箭的试验队任务。当时正值新冠疫情严重肆虐的时期，出行本就不易，再加上严格的隔离要求，骆鑫生所在的小组包括他在内竟然仅有两人能够上岗。但型号进度拖

骆鑫生

不得，卸船、卸车、产品自查、空箱装船……这些火箭入场前的工作必须分秒必争。

“你先统计一下船舱里有几个人，我现在就去发射场里面看看能不能找到帮手”，骆鑫生交代队友说。话音还未落下，岸边就只留下了骆鑫生一跛一跛远去的身影。骆鑫生的脚患有骨质增生及筋膜炎，医生叮嘱他要多休息，少走动。可骆鑫生是个“不听话”的病人，工作忙起来就把医嘱抛到了脑后，照样坚持天天加班，实在受不住了就吃药撑着。

船舱里有 3 个人可以参与任务，由于疫情防控，押船的人是不能下船的，只能在船上帮忙。骆鑫生从正在发射场执行其他任务的试验队中找了 3 个人，加上他们 5 个人，11 人的工作量相当于平时的 3 倍。虽然知道任务艰巨，但他们每个人都清楚必须想方设法在时间节点前高质量完成入场前的准备工作。

骆鑫生利用别人休息的时间细化每天的工作安排，在保证完成当天任务的同时还要兼顾安全和质量问题。他自己更是备装、指挥、协调一肩挑，“哪里需要哪里搬”，船上船下、里里外外来回跑。一连加班十几天，他硬是咬紧牙关，忍着脚上的伤痛，完成了长征五号 B 合练箭、遥一箭的各项准备和检查工作。任务完成后，大家才发现骆鑫生的脚已经痛得不能走路了。

骆鑫生用对“严慎细实”的执著为新一代运载火箭保驾护航，用对“后墙不倒”的坚守助力祖国的航天事业越走越远。

薪火相传是使命

从初级工到高级技师的成长蜕变，从院劳动模范到集团公司航天贡献奖等荣誉的加冕，这是骆鑫生用拼搏奋斗换来的光荣成绩。全国劳动模范、国家级技能大师、大国工匠崔蕴的得意弟子，总装测试车间装配一组 52 名员工的组长，这是骆鑫生肩负着使命和责任的身份。

骆鑫生在师傅的带领下已经从“懂憬好学”的学徒成长为新一代运载火箭总装测试工作的核心技能人员。已经成为班组长的骆鑫生也开始带徒弟了，他的第一个徒弟是吴琪。吴琪还记得自己第一次压接考试时，接完以后一拉就断开了，自己鼓捣半天也没弄明白。骆鑫生给她一遍遍示范，讲解如何找关键点压接才稳固。吴琪说：“当时心里就一个想法，真牛，我也想像师傅这样。”那时的她还不知道这位年轻师傅是经历了怎样的层层磨练才练就成高超技艺的。有一次，吴琪装仪器的时候写错了参数代号，自检和互检过程中都没有发现，最终岗长发现了错误。为此，骆鑫生在班组开大会时严肃地批评了吴琪。会后，骆鑫生的耐心讲解让她真正意识到错误，对产品质量产生了敬畏。吴琪说：“从那以后，9 年多来我再没犯过类似的错误。师傅全面的专业知识、时刻保持的求知欲、对产品高度负责的态度，深深影响着我。”

骆鑫生从大国工匠崔蕴的手中接过了培养更多优秀总装人才的接力棒，在组内实行岗位负责人激励机制，计划培养更多的骨干力量，并充分发挥骨干带头作用，在一批又一批人员的继承与传承中，不断提升团队技能水平，不断优化工作流程，实现总装测试团队“万无一失是底线，后墙不倒是保证”的承诺。

用骆鑫生的话说，历史的接力棒已经交到了新时代航天人的手中，我们要以老一辈航天人为榜样，踔厉奋发、笃行不怠，用青春的力量助力祖国的航天事业迈向更广袤的浩瀚太空。

在滨海滩涂，在无数个不眠的夜晚，每一次任务中都能看到骆鑫生全力以赴的身影。“站在全面建设社会主义现代化国家的新起点上，航天青年将与航天强国建设这一伟大历史进程同生共长，用青春创新担当挺起民族科技脊梁。”骆鑫生以实际行动践行着他作为青年航天人的坚定理想信念，用青春铸就辉煌，谱写总装新篇，成就航天伟业！

后　记

党的十八大以来，习近平总书记高度重视青年和共青团工作，着眼党的事业薪火相传、中华民族永续发展，殷切寄望青春、寄语青年，先后作出一系列重要指示批示，推动党的青年工作取得历史性成就、发生历史性变革。一直以来，院党委高度重视青年工作，关心青年成长成才，为青年发展创造了良好环境、打造了宽广舞台。每年院党委领导都会与一线青年面对面座谈交流，倾听青年声音、关心青年困惑，与青年做朋友，支持青年立足岗位、建功立业。广大火箭青年在院党委的关心和爱护下，奋进新征程、勇担新使命，已然成为加快建设航天强国的先锋力量，已然成为党最可信赖的青年骨干力量。为大力弘扬航天精神，强化青年榜样示范引领作用，院党委决定在院第十次青年工作会到来之际，出版火箭青年奋斗故事，并确定书名——《火箭青年　强国先锋》，由院党委书记王国辉同志担任主编。

在一年多的时间里，编委会在全院征集了百余名青年榜样人物、20 万余字故事素材，先后召开 4 次专题研讨会，确定本书框架，设计各篇章导语，筛选文稿；组织 5 轮集中讨论，精心修改、反复打磨，完成 15 万字文字资料的编写；深入基层开展青年思想动态调研，实地与青年榜样面对面，完成 121 人次的访谈，深挖奋斗故事背后的精神内涵，力求全面展现有理想、敢担当、能吃苦、肯奋斗的新时代火箭青年的精神风貌。

本书编写过程中，中国工程院院士、战略导弹与运载火箭专家龙乐豪给予指导关心，并为本书作序，亲切勉励广大火箭青年。余梦伦、姜杰、李东、冯志海四位院士为本书撰写推荐语，寄语广大火箭青年。

参与撰写本书的同志有很多。除了编委会成员外，张俊杰、张蓉、张奥、杨凌霄、吴波、张思齐、闫美辰、殷海鹏、贾淇、魏钰瑶、高小方、高远、李丙旭、初娣、鹿森、张少星、皋宽林、周润馨、王志超、尚驰、撖文昭、王冰、刘莎莎、王莹、葛瑞蒂等都参与了本书故事的采写工作。

除此之外，院相关领导、专家参也给本书提出了很好的建议和意见。在此，我们向所有为本书作出贡献的领导和专家表示诚挚的感谢！

中国宇航出版社为本书的出版发行付出了辛勤劳动，在此表示感谢。

本书内容，均以实地采写资料为依据，虽经多轮审核修订，但因时间紧张，且限于水平与学识，难免存在疏漏与不当之处，还请广大读者指正。

奋进航天强国建设新征程，广大读者如能在此书中汲取榜样的力量，并切实在自身工作中得到实践与应用，我们将倍感欣慰、倍感荣幸！

本书编委会

2025 年 3 月